哇！编程 基础篇

申小吉SCRATCH编程环游历险记 I

神鸡编程◎著　　李泽◎审校

天津出版传媒集团

天津科学技术出版社

图书在版编目（CIP）数据

哇！编程：申小吉Scratch编程环游历险记：全4册 /
神鸡编程著. -- 天津：天津科学技术出版社，2020.5

ISBN 978-7-5576-7390-1

Ⅰ．①哇… Ⅱ．①神… Ⅲ．①程序设计Ⅳ.
①TP311.1

中国版本图书馆CIP数据核字(2020)第016435号

哇！编程：申小吉Scratch编程环游历险记

WA! BIANCHENG : SHENXIAOJI SCRATCH BIANCHENG HUANYOU LIXIANJI

责任编辑：胡艳杰

出　　版：	天津出版传媒集团
	天津科学技术出版社
地　　址：	天津市西康路35号
邮　　编：	300051
电　　话：	(022) 23332695
网　　址：	www.tjkjcbs.com.cn
发　　行：	新华书店经销
印　　刷：	天宇万达印刷有限公司

开本 710×1000　　1/16　　印张 53.5　　字数 400 000

2020年5月第1版第1次印刷

定价：228.00元（全4册）

故事引入

　　天上有座山，山里有座宫殿，宫殿里坐着一位神仙，名字叫神鸡仙君。大家知道孙悟空曾经是弼马温，是掌管马的；这位神鸡仙君，是掌管人间的编程学习的。孙悟空有七十二变，而神鸡仙君则有七七四十九变，法力也是相当了得。有一天他想了解编程在人间的普及状况，于是下凡到一户人家，户主申大吉给他取名"申小吉"。

　　俗话说："天上一天，人间一年。"很快，申小吉就十几岁了，现在是吉利镇吉利小学的一名学生。一直以来，申小吉都是吉利小学里最受欢迎，但又最受嫉妒的学生，因为好运总是会降临在他身上。

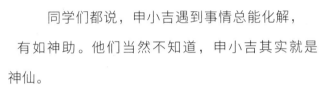

　　同学们都说，申小吉遇到事情总能化解，有如神助。他们当然不知道，申小吉其实就是神仙。

　　看！这次，申小吉又中大奖了。"经过抽奖，本年度'吉利小学吉利之星'得主是——申小吉！"还在草地上跟小伙伴玩游戏的申小吉听到校长的公布结果后，开心到在原地飞旋了好几圈，还挤一挤眼，自恋地说道："哎，运气好，没办法，我可以去环游中国了！"原来，这次抽奖活动是神奇集团赞助的，被抽中的幸运儿可以免费参加"全国编程环游之旅"。

目录

第九章

Scratch※数学！你是最有逻辑的数学家@南京

第一章

编程※初见！糟了,是心动的感觉@杭州

学法律不一定要做律师，但法律教你一种思考方式。学编程也一样。我把计算机科学看成是基础教育，每个人都该学习编程。

——史蒂夫·乔布斯

史蒂夫·乔布斯（Steve Jobs），出生于美国旧金山，苹果公司创始人。乔布斯被认为是计算机业界与娱乐业界的标志性人物，他经历了苹果公司几十年的起落与兴衰，先后领导和推出iPhone、iPad、Macbook、Macintosh、iMac、iPod等风靡全球的电子产品，深刻地改变了现代通信、娱乐、生活方式。乔布斯同时也是制作了《飞屋环游记》《玩具总动员》的皮克斯动画（Pixar）公司的前董事长及行政总裁。

暑假的第一天，申小吉迫不及待要兑奖了。校长嘱咐他说："神奇集团给你派了一个免费向导，他会带着你开启这次全国编程环游之旅！你要好好表现，不要丢了我们学校的脸！"说完便把他送上了"网约专机"。刚上飞机，申小吉就惊喜地欢呼大叫了一声："叔叔！"原来这位编程导师正是爸爸申大吉的弟弟——申大利。申大利是神奇集团里最年轻的技术副总裁，只知道这次自己要担任中奖者的全程公益编程导师，但他做梦也没想到，这次的中奖者竟然是自己的侄子。"都说无巧不成书，看来还真是如此。走！小吉！叔叔带你去吃著名的杭州灌汤小笼包。"

把大象装进冰箱需要几步：什么是编程

当申小吉轻咬皮薄料足的灌汤小笼包时，他感到悲喜交加。喜的是，包子里流出来的鲜香浓郁的汁水让他直呼过瘾；悲的是，太烫嘴了！叔叔笑着看申小吉，对服务员说："请给我来两罐冰可乐。"申小吉感激地看着服务员走向冰箱取出可乐。这时，叔叔笑问："小吉，叔叔考考你，把大象装进冰箱需要几步？"

申小吉一边陶醉地吸着灌汤小笼包里的汁水，一边自信地回答道："三步！打开冰箱门！把大象塞进去！关上冰箱门！"叔叔露出了赞许的眼光，说道："优秀！其实，你刚才就是用大脑编写了一个程序。当我们在思考'把大象装进冰箱需要几步'时，我们的大脑就在为解决这个问题编写程序，也就是在编程。为了完成这个编程任务，我们要用逻辑思维确认任务，然后把任务分解成一个个小任务，之后再寻找各个小任务的解决方法，最后把各个解决方法串起来，任务就完成了。学会编程思维，将大大提升我们学习、生活、工作的效率，会让我们受益终生。"

"再比如说，家里的电饭煲，加水加米，按下煮饭按钮，30分钟后，一碗香喷喷、亮晶晶的白米饭就可以填饱你咕咕叫的肚子了。那么，过了30分钟，电饭煲为什么是自动保温，而不是继续煮米饭一直把米饭煮糊呢？这是因为制造电饭煲的程序员叔叔在电饭煲里面提前把程序编写好了。按下按钮，就是下达命令，命令通过程序员预先编写好的程序下达给电饭煲，电饭煲按预定程序煮饭30分钟，过了30分钟停止煮饭，切换到保温模式，这样饭就能保温，而不是被煮糊啦。所以，下次你可以考考你妈妈，你问她'电饭煲是什么'，保准你妈妈会被你的这个哲学式的问题问住，这时候你就可以在妈妈面前炫耀一下，用港台腔说'妈咪呀，电饭煲不过是一台编程过的机器的啦'。"

"嘿嘿嘿，好主意。"申小吉坏笑道。

这时，隔壁桌来了一群金发碧眼的外国人。

王者荣耀和"吃鸡"背后的秘密：什么是编程语言

　　紧接着就传来那些外国人打招呼的声音。"Hello""Bonjour""Guten tag""Ola"声音络绎不绝。申小吉苦笑地看着叔叔说："我就听懂了Hello是英语，其他都是什么语言？"叔叔喝了一口可乐，说："Bonjour是法语，Guten tag是德语，Ola是西班牙语，和英语的'Hello'一样，都是'你好'的意思。别忘了，你叔叔我可是留过学的。"

　　"大佬优秀，大佬牛气，参见大佬！"申小吉贫嘴道。

　　叔叔做了个鬼脸，说道："遇到不同国家的人，要说他们能听懂的语言，这样才能和他们沟通。那我们遇到计算机，要跟它说什么语言才能和它沟通呢？比如，我给你一台由计算机编程控制的机器人，你要让它执行'把100头大象塞进冰箱'的任务。你怎么把这个任务告诉计算机？"

"Hello" "Bonjour" "Guten tag" "Ola"
英语：Hello
法语：Bonjour
德语：Guten tag
西班牙语：Ola

"我直接用中文对他大喊大叫不就行了吗？"申小吉说。

"你别说对计算机大喊大叫了，你就是对它拳打脚踢都没用，因为它不懂你的语言。你必须用它能听懂的语言，通过编写程序给他布置任务。"

"那它能听懂什么语言？"

"哈哈，就是编程语言啦。编程语言有几百上千种，常用的编程语言有Python、C、C++、Java和JS。"

"比如：你玩的王者荣耀游戏主要是用C++语言编写的；你老爸把挣的钱存到银行，银行的很多系统都是用Java语言来编写的；妈妈用的电饭煲主要是用C语言编写的；美国航空航天局（NASA）的很多程序是用Python编写的；你在电脑上打开的网页，很多都是用JS编写的。

"当然，学习这些语言都要有一定的英文功底，不太适合你这样的三年级小学生作为编程入门的。"

全球一亿青少年的"小可爱"：什么是Scratch？

"那么，最适合小学生编程入门的编程语言是什么呢？"

"是Scratch！"

"等等，怎么拼的？"

"S-C-R-A-T-C-H，念作[skrætʃ]，谐音是'寺怪爱棋'，你就记成寺庙里有个妖怪爱下棋就行了，然后把"寺怪爱棋"读快一些，再快一些，就读对了。"

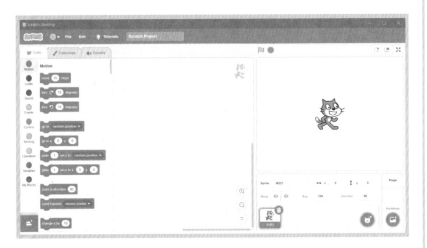

"Scratch可是全球1亿①中小学生心里的'小可爱'哦，特别是在美、英、日、韩、法、德、意等发达国家，Scratch的普及率非常高，在新加坡、中国的香港和台湾，Scratch也非常风靡。这些年，中国也开始刮起了Scratch旋风，北京、上海、广州、深圳、重庆、天津、成都、武汉、杭州、郑州、沈阳等地的学校都开始纷纷开展Scratch基础课程，可以说，现在国内中小学里最流行的编程语言就是Scratch了。"下图为近年来全球少儿编程学习人数走势图（来源：MIT Scratch官网）。

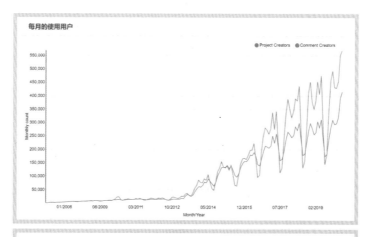

① Scratch 的全球使用人数包括两部分。第一部分是 Scratch Community 注册用户。Scratch 官网显示，截至 2019 年 9 月，Scratch Community 注册用户数已经突破 4569 万。第二部分是未在 Scratch Community 注册但在用 Scratch 学习的学生人数，包括两类：一类是利用 Scratch 二次开发后的工具，比如网易卡达和腾讯扣叮等来学习的学生；另一类是全球中小学校计算机教室预装好 Scratch，学生定期上课而未在 Scratch Community 注册。

"是滴是滴，不然，我也不会有这次幸运的编程之旅，你说，咱咋就这么幸运呢，嘿嘿嘿！"

"中国最好的理工大学是哪所大学？"叔叔突然问道。

"清华大学啊，我爸说那是他当年再多考500分就能去上的学校。"申小吉笑着说。

"那开发Scratch的大学就是美国的'清华大学'，也是全世界最好的理工大学，叫作麻省理工学院，全球最顶尖的计算机科学家和全球最顶尖的教育家一起联合开发的，是由Mitchell Resnick教授领导的，他在2018年还来过腾讯大厦总部呢，我的两个朋友还跟他合过影呢。"说着，申大利掏出了手机，给申小吉看照片。

"我的这两个朋友都说自己是最帅的，你觉得他俩帅吗？"

"我拒绝回答。"申小吉机智地捂住了眼睛。

"就你机灵！"叔叔轻轻地敲了申小吉的脑袋瓜儿。

一款让你变神奇的神器：为什么要学Scratch？

"Scratch都有什么用呢？"

叔叔打了个响指，空气中突然出现四个彩色圆环，上面写着：

叔叔笑着又吃了一个灌汤包，朝着圆环摇晃了一下头，这时空气中的四个彩环开始用叔叔的声音自动朗读起来，和真人说话没有任何分别。申小吉看得吃惊了，嘴里咬了一半的灌汤包，正在轻轻地往下滴汤汁。

"学了Scratch之后，你可以从0到1导演自己的动画片，制作自己的游戏作品，创作自己的艺术作品，编写自己的故事小说等。它将带给你如下好处。

"第一，让你当皇上：学了Scratch之后，你就可以建立全局思维，自己设计一切、主宰一切。你可以将脑海中各种奇妙的想法变成别人可以看、可以听、可以玩，甚至可以触摸的作品。你可以制作迷人的小游戏、动画片、故事、音乐、实用程序等。

主角是谁，服装怎么配，舞蹈怎么跳，动作怎么做，你说了算，你主宰一切，再也不用被任何人限制。

"第二，让你成为明星：你的作品可以在电脑、手机上通过微信、QQ分享给同学、老师、家人、朋友。你制作的编程作品会有一个链接，把这个链接发给你的同学，他们打开链接就能玩你制作的游戏，甚至连你的老师都有可能爱上你制作的游戏，这样是不是很酷？

"第三，让你成为'小诸葛亮'：很多课外辅导班沉闷无聊，虽然你知道它们对你有好处，但就是提不起兴趣。就像吃没有包裹糖衣的中药丸。但是你在学Scratch编程的过程中，不仅能训练自己的逻辑思维，提高解决问题的能力，还能间接地提高数学成绩。

"第四，让你成为小富翁：如果你的作品足够好，可以上架手机商店，让别人下载。你可以直接把每个下载价格定价2块钱。如果有1万人下载，那你可以收入2万元；如果有100万人下载，那你可以收入200万元。如果有1亿人下载呢？

"总之，Scratch是一款可以让你变神奇的神器，你可以'为所欲为'。"

说着，申大利呼叫了嘀嘀网约飞机。"走，我们现在就飞去中国的下一个城市体验一下这个Scratch。"

吃完杭州灌汤小笼包的申小吉，肚子里暖暖的，在飞机上不一会儿就睡着了。

第二章

Scratch※上手！天呐，是流畅的体验@重庆

> 40年前，父亲（李光耀）让我学计算机，他说这里有未来。后来证明他是对的……目前我的两个孩子都在IT届。
>
> ——新加坡总理 李显龙

李显龙，新加坡现任总理。全球最会写代码的最高领导人之一。祖籍广东梅州市。1974年李显龙毕业于英国剑桥大学，获得计算机科学和数学学位，他的父亲是新加坡国父李光耀。李显龙历任新加坡国防政务部长、贸易与工业部部长、金融管理局主席、财政部部长。2004年出任新加坡第三任总理，2015年连任新加坡总理。

为了鼓励新加坡人民重视科技教育，李显龙于2015年在网上公开了自己学生时代编程的"数独求解器"代码。

飞机刚一降落，申小吉就被空气中飘来的麻辣红油香味唤醒了。

原来，他们来到了重庆的解放碑步行街，这里，历来就是重庆最繁华的商业中心地带。这里美食多、美女多、美物多。

"好看的皮囊百里挑一，有趣的灵魂千里挑一，有趣且好看的皮囊十万里挑一。Scratch就像重庆这座城市，有趣、有潜力，最重要的，它是所有编程语言中颜值最高的。重庆也是，重庆人会生活，重庆是中国西部的核心城市。最重要的，重庆是一座高颜值城市，不仅美食颜值高，美女颜值也是全国最高的呢。"申大利边说边吃着麻辣串串。

申小吉一口塞着三把串串，一边想起了婶婶是重庆人，怪不得叔叔如此夸赞重庆。

申小吉吃饱后，叔叔说："好啦！美食吃到了，现在，让我们观赏下Scratch的美吧！"

张飞吃豆芽：如何启动Scratch

俗话说："张飞吃豆芽——小菜一碟。"启动Scratch就像张飞吃豆芽一样，非常容易。

Scratch当前的最新版本是3.5.0，分为在线版和离线版两个版本。

其实，两个版本的功能是一样的。区别在于，在线版不需要下载安装，只需要在浏览器中联网直接访问就可以使用了。此外，在线版本身和Scratch官方的编程社区是一起的，可以登录编程社区（编程社区可参考本书第八章第五节）。离线版需要下载到电脑上，安装之后，即使不联网也能使用，因此在网络条件不好的情况下，可以选择使用离线版。这时，申大利给申小吉分别演示了这两种方法。

1. 使用Scratch 3.5.0离线编辑器

启动浏览器，在浏览器地址栏中输入"https://scratch.mit.edu/download"，就进入到Scratch.离线编辑器（Scratch Desktop）的下载页面了。下载并设置好后，不联网也能使用。

Scratch支持常见的Windows系统和苹果电脑的MacOS系统。我们首先选择自己电脑的系统。我们以Windows系统为例，点击"Download"（下载），弹出"Scratch.Desktop Setup.3.5.0.exe"，

继续 →

点击"保存",将安装包保存到电脑桌面上。Scratch离线版下载示意图如下图所示。

鼠标左键快速双击橙黄色的安装包,按引导完成安装即可。如下图所示,快速双击安装包,安装下载好的Scratch。

安装完成后的效果如下图所示。

鼠标左键快速双击就可以打开Scratch了,如下图所示。

继续 →

如果想切换Scratch界面的语言，可以点击左上角的地球图标，有包括"English"和"简体中文"在内的几十种语言可以选择。

继续 →

我们下拉菜单到底部，选择"简体中文"，界面语言就从"English"变成"简体中文"了。

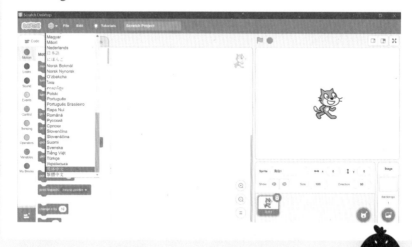

2. 方法二：使用Scratch 3.5.0在线版

使用Scratch在线版非常方便，在浏览器中可以直接使用，适合网速较快的环境下使用。

启动浏览器，在浏览器地址栏中输入地址"https://scratch.mit.edu/"就可以访问Scratch在线版。点击下图中的"Create创建"。

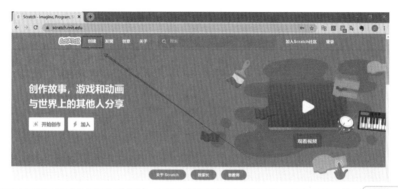

继续 →

这时候系统就跳转到如下图所示的界面了。

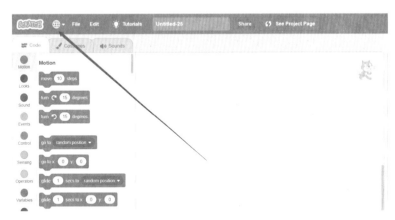

如果想切换Scratch界面的语言，点击左上角的地球图标，然后点选需要的语言就可以了。最终，Scratch3.5.0在线版如下图所示。

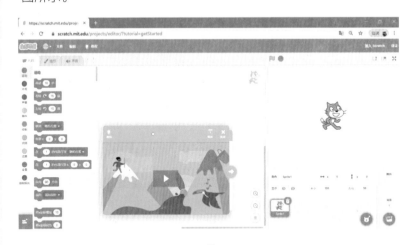

简洁优雅：Scratch界面介绍

首先，我们打开Scratch，可以看到软件界面划分为积木区、脚本区、角色区、背景区、舞台区、工具栏六块，如下图所示。

那么，各区都有什么功能呢？具体内容见下表。

分区名	功能	备注
积木区	积木原料区	每个积木均是一个小指令
脚本区	积木加工厂	许多积木在此组装、封装成大指令
角色区	角色候场区	所有演员化妆、排练、候场的地方
背景区	背景布置区	布置背景的地方，可接受积木指令
舞台区	角色表演区	角色和背景在指令控制下表演的地方
工具栏	总体调整区	语言、文件、编辑等工具汇总的地方

1. 积木区（如下图）

积木区包含运动、声音、外观、事件、控制、侦测、运算、变量、自制积木等9大类100多个常用积木，这些常用积木允许我们制作纯软件。此外，积木区还包含了音乐、画笔、视频侦测、文字朗读、文字翻译、Make Makey等一系列有趣的扩展积木，可以让我们把软件世界和实体世界联系在一起。比如用Make Makey可以把一张白纸编程成为音乐开关按键。总之，积木区具有强大的功能，既可以制作非常精良的纯软件作品，也可以制作"软件+硬件"的复合编程作品。

2. 脚本区（如下图）

如果说积木区是各种积木汇总在一起的原材料区，那么脚本区就是积木加工厂。利用从积木区拖来的积木，可以对角色和背景进行加工。我们将单个积木组装成积木群，就意味着把单个指令汇总成了指令集，这些指令集可以指令角色和背景做出相应的行为，而这就是编程的核心。所以，别看脚本区像一张白纸，实际上脚本区是编程学习的主战场，也是训练我们的逻辑思维，训练我们的耐心、细心和自信心的百宝箱。

其中，脚本区的"＋""－""＝"分别表示"放大""缩小""还原"。

3. 角色区（如下图）

所有出现在舞台上的演员都会在这个角色区候场。这些演员不仅包括人和动物，比如黑人小哥、可爱胖子、小猫、公鸡，还包括太阳、月亮、箭头等物体和物品。我们可以通过在Scratch内选择、自主绘制、打开摄像头拍摄、从电脑上传四种方法来增加演员。每个角色都可以在这里化妆、排练，包括改变角色大小、切换角色造型、改变角色的站位等。

4. 背景区（如下图）

背景区是布置背景的地方，布置好的背景会在舞台区展示，使得演员的互动更有场景感。需要注意的是，背景区虽然在右下角，但点击之后会在左侧出现编辑区，可以在这里通过Scratch内选择、自主绘制、打开摄像头拍摄、从电脑上传等方式增加背景。此外，背景是可以接受积木指令的，我们在后面会详细讲到。下图就是申大利选给申小吉的爱心背景。

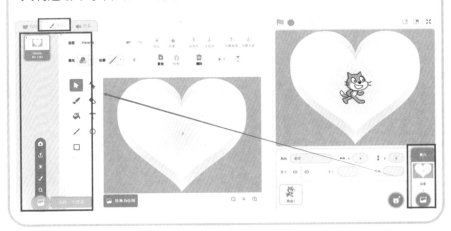

5. 舞台区（如下图）

舞台区就像我们去现场看表演的舞台一样，是创作人员最终呈现给观众或玩家的作品展示的舞台。脚本区的积木指令、角色区的演员、背景区的舞台背景在这里汇集，有序地展示这个程序。其中，左上角的小绿旗是启动表演的按钮，旁边的红点是停止表演的意思；右侧的按钮可以调节舞台区的大小，从左到右分别是最小、中间、最大。

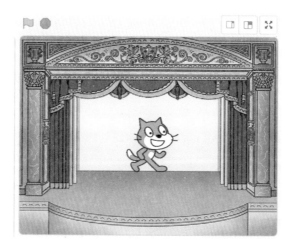

6. 工具栏区（如下图）

Scratch的最上面一部分就是工具栏区，工具栏中左侧从左到右有语言切换、文件、编辑、教程、命名等工具。

地球形状的语言切换模块是切换界面语言的，前面已经介绍过，此处不再赘述。

文件模块则主要有新作品、从电脑上传、保存到电脑等功能，分别用于创建新的Scratch作品、打开电脑上的Scratch作品、保存当前编程的Scratch作品。

编辑模块则主要有打开加速模式和恢复功能，主要用于调节作品运行的速率，可以理解成B站（哔哩哔哩，bilibili）播放视频时的播放速度调节器。

教程模块主要有Scratch官方的一些教程。这些教程制作精良，美中不足的是数量不多且语音是英文的。

命名模块是最右边的一个输入框，用键盘输入，即可给当前的Scratch命名。

爱不释手：Scratch积木操作

> 下面就让我们一起来玩积木吧！常用的积木玩法有以下六类，非常简单。

1. 查找积木（如下图）

Scratch积木有100多个，每一个积木都有不同的指令。而我们创作编程作品，经常使用积木，如果一个一个查找，效率太低。有没有高效的查找方法呢？当然有啦！

高效查找积木的顺序：确定积木所属的类别→点击这个积木类别→查找所需要的积木。

比如，我们创作需要给角色添加声音，先确定所属的类别是"声音"类积木，点击紫色"声音"类积木，这时候所有声音类积木就都出现了，接下来从里面查找想要的积木就可以了。

继续 →

2. 拖动积木（如下图）

查找到目标积木后，两步即可把目标积木拖到脚本区。

第一步：移动鼠标，将光标移到目标积木上方。

第二步：按下鼠标左键不松手，向右移动鼠标，到目标区域停下，拖动积木。

继续 →

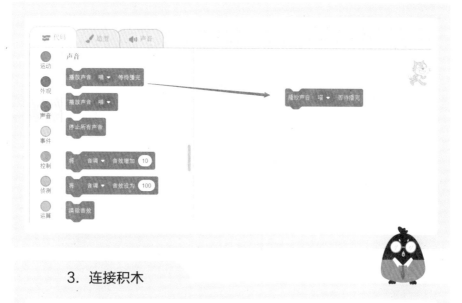

3. 连接积木

当我们点击某一个积木时，角色可以做出这个积木指令的行为。

当我们想让角色做出高级、复杂的动作时，就需要连接积木。

连接积木非常容易，只需要注意积木之间的凸起和凹陷部位是否吻合即可。

比如下图中，我们要让"移动10步"积木和"当按下空格键"积木连接，怎么连接呢？

按下鼠标左键选中"移动10步"积木不松手，靠近黄色积木，当看到下图中的阴影时，松开鼠标，即嵌套成功。

4. 删除积木

不想要的积木要删除掉，有两种方法可以做到。

常规方法：选中要删除的积木，点击鼠标右键，出现了提示框，点选"删除"，积木就被删掉了。

神秘方法：按下鼠标左键选中积木不松手，拖到灰色竖线的左侧（也就是积木区）任意位置，松开鼠标，积木就被删掉了。

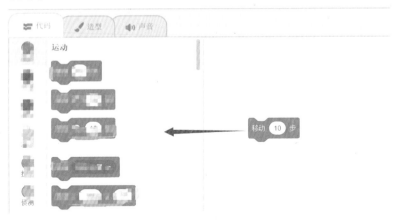

5．整理积木

有时候积木太多或太乱，我们需要进行整理。Scratch提供了三种整理方法。

（1）"＋"：放大所有积木。

（2）"－"：缩小所有积木。

（3）"＝"：恢复积木的默认大小。

小试牛刀：第一个编程作品

听了那么多，想必你早已经饥渴难耐了，那我们现在就来制作第一个Scratch作品吧！

我们的任务是用空格键控制小猫，当点击空格键的时候，小猫走10步，同时发出"喵"的声音。我们先制作这个任务的思维导图，如下图。

第一步：打开Scratch

鼠标左键快速双击下图所示按钮就可以打开Scratch了。

第二步：拖动积木

首先，我们从黄色的"事件"类积木中找到 当按下 空格 ▼ 键

积木，并拖到右侧脚本区。

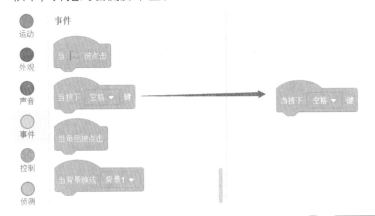

然后，我们从蓝色的"运动"类积木中找到 移动 10 步

积木，并嵌套到上面积木的下方。

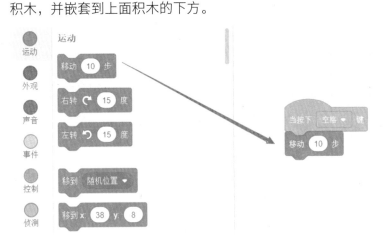

最后，我们从紫色的"声音"类积木中找到 播放声音 喵 ▼ 等待播完 ，

放到最后。

继续 →

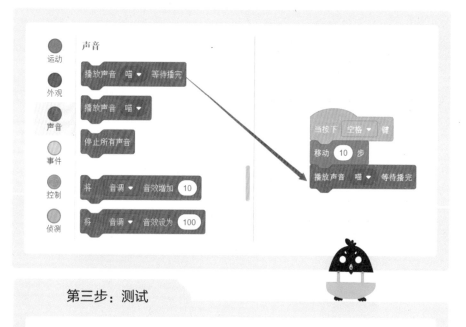

第三步：测试

编程完成后，我们要测试程序能否正常运行。

现在我们点击空格键，看小猫是否往右移动，同时发出"喵"的声音。如果不正常，需要查找问题并修复；如果正常，则可以进行下一步。

第四步：保存、命名

为了方便我们下次再打开，我们要学会命名和保存我们的作品。

在下图红框的位置，用你的名字给你的作品命名吧！比如，你叫李白，那么就可以命名为"李白的第一个编程作品"。

继续 →

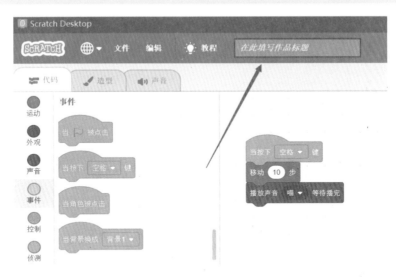

保存Scratch作品的步骤如下图。

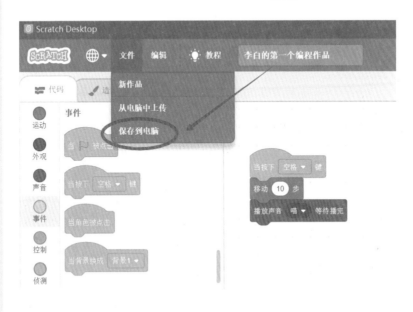

继续 →

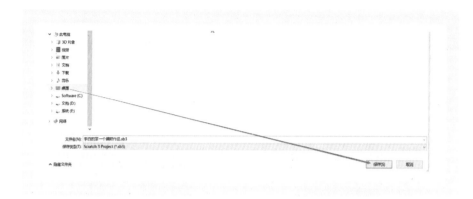

　　不知不觉，申大利和申小吉已经在重庆住了一周，已经按活动要求完成了第二阶段的学习。申小吉终于明白了为什么活动主办方要把这阶段的体验课放到重庆了，也明白了为什么叔叔申大利对重庆赞不绝口，因为Scratch的五官轮廓和重庆这座城市一样，美！

　　唯一的遗憾是，申小吉被爸爸申大吉在电话里训斥了！被训斥的原因是申小吉的口腔上火了。口腔上火的原因是吃了太多重庆火锅。

　　"快擦干你嘴上的红油，咱们收拾行李，下一站去中国最厉害的小渔村。"

第三章

Scratch※游戏！你是最会玩的制作人@深圳

> 能够想像任何事的人，可以创造任何不可能。
>
> ——艾伦·图灵

艾伦·图灵（Alan Turing），英国数学家、逻辑学家，被称为计算机科学之父、人工智能之父。1931年，图灵进入剑桥大学国王学院，毕业后到美国普林斯顿大学攻读博士学位，第二次世界大战爆发后回到剑桥，后曾协助军方破解德国的著名密码系统Enigma，帮助盟军取得了"二战"的胜利。

为了纪念他对计算机科学的巨大贡献，美国计算机协会（ACM）于1966年设立了一年一度的图灵奖，以表彰在计算机科学中做出突出贡献的人，图灵奖被喻为"计算机界的诺贝尔奖"。2000年，清华大学教授姚期智成为首位获得图灵奖的华人。

一路上，申小吉不停地问叔叔申大利："中国最厉害的小渔村是哪？为什么说它最厉害?是那里打捞的鱼最多，还是那里打捞的鱼最大？"

无论怎么问，叔叔申大利都笑而不答，一路上只顾着用他的华为7G手机玩微信，偶尔玩一会儿王者荣耀游戏，还给婶婶顺丰包邮了一架大疆无人机。申小吉怎么也没猜出来，嘟着嘴，抱怨爱卖关子的叔叔。

这时，嘀嘀网约飞机平稳地降落在深圳蛇口码头。眼前一排现代的白色邮轮和一排斑驳的渔船并排停在码头，仿佛诉说着这座城市的过往和现在。

"这哪里是什么小渔村？这分明是一座海滨大城市。"申小吉说。

申大利扶了扶眼镜框说："仅仅40年，从小渔村发展成世界级的都市，经济总量超过了香港，所以说它就是最厉害的小渔村啊！"

叔叔接着说："刚才我在飞机上用的华为手机，大疆无人机，顺丰快递公司都是深圳的公司；而且，王者荣耀和吃鸡游戏也是发源在深圳，快来用Scratch用动作类积木编创游戏吧。"

游戏必备：动作类积木

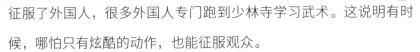

李小龙、成龙、李连杰、吴京主演的动作影片，以令人惊叹的动作征服了华人观众，还征服了外国人，很多外国人专门跑到少林寺学习武术。这说明有时候，哪怕只有炫酷的动作，也能征服观众。

在游戏世界里也是如此。任何游戏都需要角色，任何角色也都要做动作。比如经典的拳皇游戏（见下图），几乎就是功夫片的游戏翻版。角色多多，动作多多。而我们要编程类似的作品，就必须从基础的动作开始。好在动作类积木都很简单，Scratch就给我们提供了丰富的角色库和专门的动作类积木，所以我们本章学习一些常用的动作积木。

降龙十八掌：动作积木大串讲

1. 移动10步

如下图所示，我们在上一章的一个编程作品中使用过这个积木了。当然，数字10可以替换成其他数字。

如下图所示，角色小猫会朝着目前的方向往前走10步。你可以输入你想让小猫走的步数。如果你填入一个负数（比如－10），小猫就会朝着相反的方向走10步。

"1步"是一个非常短的距离。Scratch的舞台区大小是长480步、宽360步。

继续 →

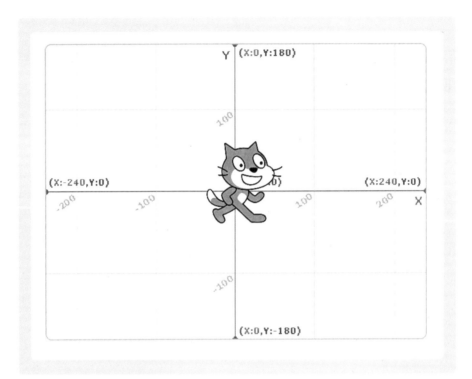

2. 左右旋转

右转 **C** 15 度 表示向右旋转15度。数字15也可以更换成其

他任何数字。如果你填了负数，小猫就会往左旋转。

左转 **↺** 15 度 表示向左旋转15度，与 右转 **C** 15 度 相反。

3. 面向指定方向

面向 90 方向 的作用是给当前角色设置朝向。调整朝向有以下两种方法。

第一种：直接输入数字来调整朝向。

第二种：点击数字输入的白框，弹出方向罗盘，用鼠标拨动罗盘的指针就可以调整朝向。

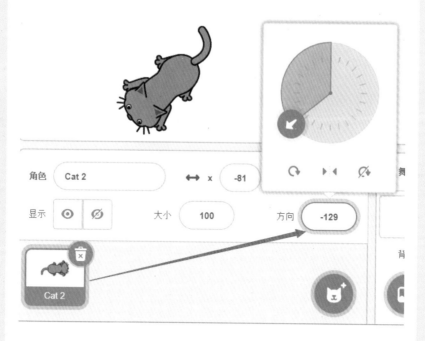

试一试，想让角色面向最右方和最上方的中间那个方向，应该把数字改成几?

4. 面向鼠标指针

 的作用是让角色的朝向时时刻刻跟随鼠标指针。我们以下图来举例。

点击 ⚑ 之后，把鼠标移到猫咪身边的任意位置，猫咪可以随时朝向你，有一种非常黏人的感觉。

5. 碰到边缘就反弹

碰到边缘就反弹 的功能是，当角色碰到舞台的边缘时，起反弹作用。

如果小猫碰到了舞台的上、下、左、右边，那么小猫就会以一定的角度反弹。

试一试将下图中的 碰到边缘就反弹 去掉，再点击 ⚑ 看看有什么不同？

6. 将旋转方式设为

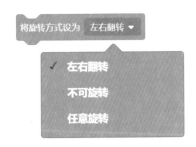

这个积木的作用是设置角色的旋转方式。那角色的旋转方式真那么重要吗？它们之间又有什么区别？

先按下图所示拖动积木，然后点击角色，再按下表内容进行操作，就可以直观地看到三种旋转方式的差别了，如下图、下表所示。

继续 →

三种旋转方式的操作及示意图

三种旋转方式	操作图示	效果示意图
将旋转模式设为"任意旋转"	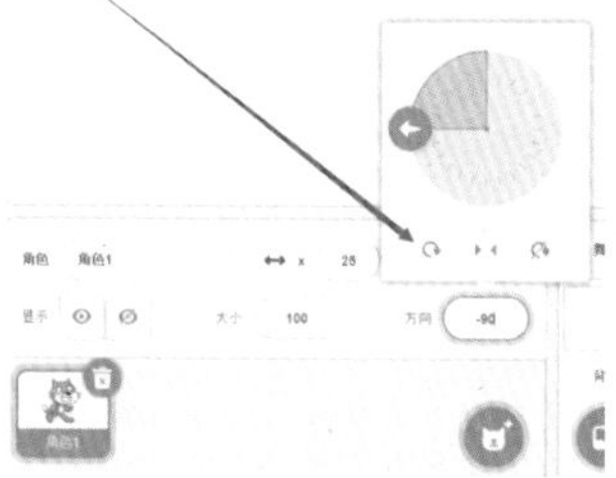 点击角色→点击图中椭圆框→ 点击箭头指向位置	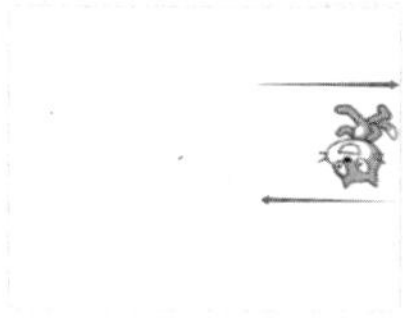
将旋转模式设为"左右旋转"	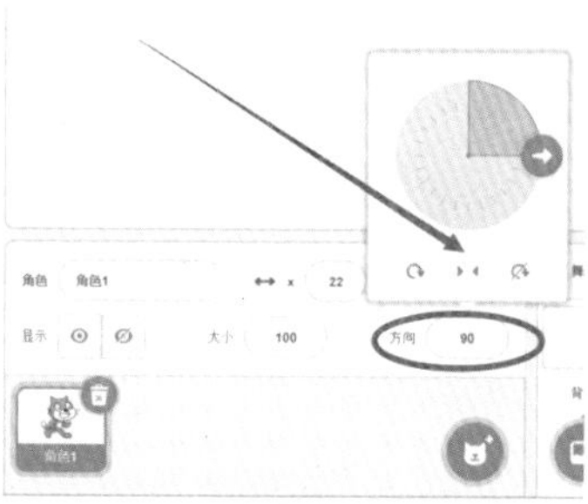 点击角色→点击图中椭圆框→ 点击箭头指向位置	
将旋转模式设为"不旋转"	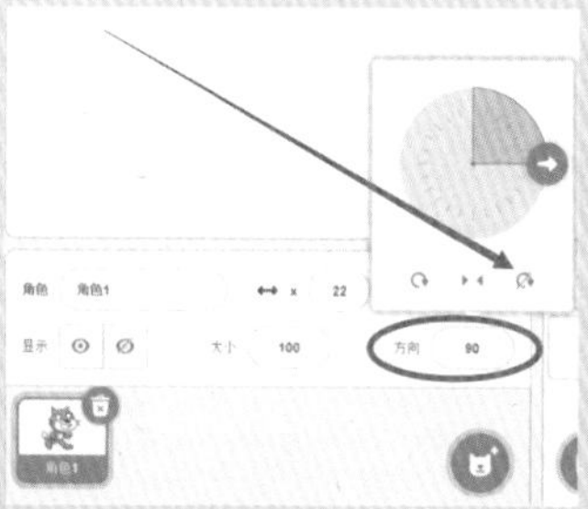 点击角色→点击图中椭圆框→ 点击箭头指向位置	

如下图所示，除了上面表格的方法之外，如果想要指定角色碰到边缘后的旋转方式，还可以直接用"将旋转方式设为…"这个积木来控制角色的旋转方式。尝试把下图中的"左右翻转"分别换成"不可旋转"和"任意旋转"，点击小绿旗看看效果有何不同。

《和平精英》：小猫控制器

在游戏《和平精英》里，玩家驾驶车辆的时候是通过上、下、左、右键来让皮卡车上下左右移动的。

现在我们用动作类积木编程一个类似简易版的小猫控制模拟器。让玩家用上、下、左、右键使小猫上下左右移动。

我们这个任务的思维导图如下。

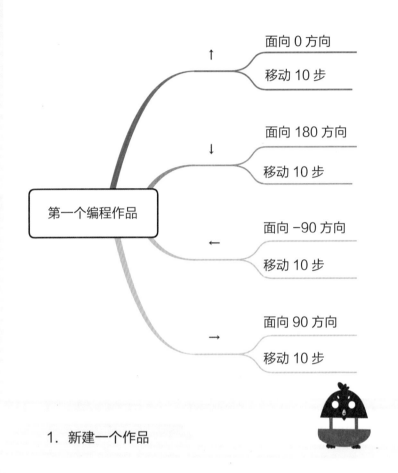

1. 新建一个作品

打开Scratch，用鼠标选择左上角的"文件—新作品"，新建一个作品。

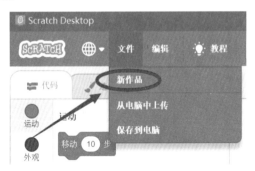

2. 拖动积木

首先我们从黄色的"事件"类积木中找到  积木，并拖到右侧脚本区。

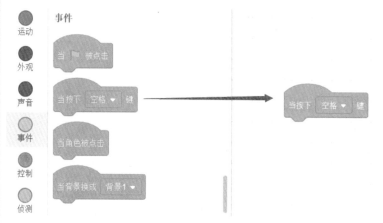

然后我们从蓝色的"运动"类积木中找到 和 移动 10 步 积木，并依次嵌套到上面积木的下方，如下图所示。

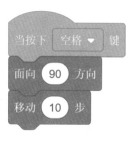

继续 →

这时候，鼠标移到上述积木上，点击鼠标右键，出现下图，点击"复制"，就可以把这三块积木一下子复制完成。

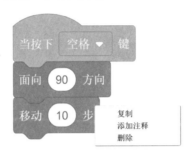

复制了3次后，结果如下图所示。

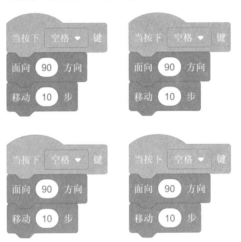

3. 调参数

按照下图，调整参数。

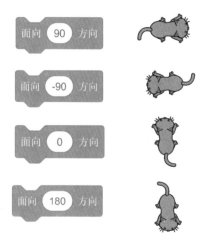

如下图所示。

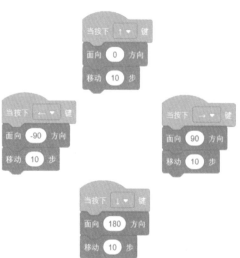

接下来，我们分别点击键盘的上、下、左、右键，看看小猫会做什么样的动作？

4. 调整旋转方式

　　从蓝色的动作类积木中拖出"将旋转方式设为"积木，选择"不可旋转"，复制3次，然后分别放置到4个键对应的积木下方。

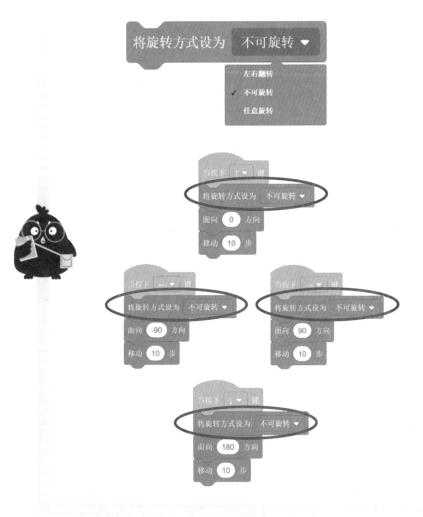

5. 设置碰到边缘就反弹

从蓝色的动作类积木中拖出四个"碰到边缘就反弹"积木，然后分别放置到四个键对应的积木下方。这样小猫就不会出现"穿墙"的诡异画面了。

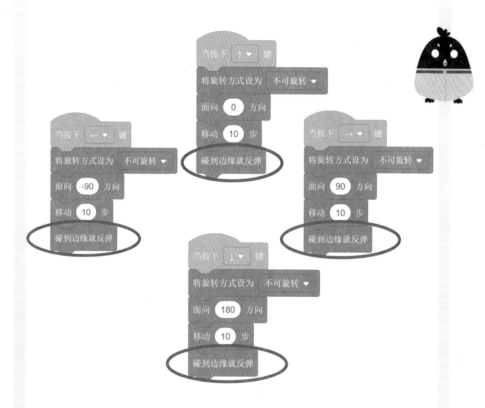

最后，将你的作品命名为"小猫控制器"，并保存到桌面上。

　　"原来做游戏比玩游戏更好玩啊！"体会到Scratch魅力的申小吉大呼道。

　　"那当然，等你继续学习下去，掌握更多的Scratch技能之后，就能做出更复杂、更好玩的游戏，让你的朋友都爱不释手！"叔叔向申小吉挑了挑眉毛。

　　申小吉迫不及待地说："好呀！叔叔，我们赶紧去下一站吧！"

第四章

Scratch※音乐！你是最潮流的音乐家@台北

> 跟计算机工作酷就酷在这里，它们不会生气，能记住所有东西，还有，它们不会喝光你的啤酒。
>
> ——保罗·李里

保罗·李里（Paul Leary），1957年5月7日生于美国德州奥斯丁，美国知名音乐家、制作人、吉他手，是美国另类摇滚（Alt-Rock）乐队Butthole Surfers的创始人兼吉他手。因为他与另类摇滚界的许多大牌合作过，所以他成了20世纪90年代最受欢迎的音乐制作人之一，曾经为全球著名的U2等乐队创作过专辑。

台北

"我也是第一次来这个城市。但我在来之前，已经在甜美的梦乡里听过它很多遍。"叔叔突然变得文艺了起来。

　　申小吉很不配合地抖动了下身体，翻了个白眼，说："叔叔，我很不习惯你这个样子。求求你正常点吧！"

　　叔叔敲了敲他的脑袋："你就知道吃饭和贫嘴！光会动嘴巴！这次，叔叔就带你动下耳朵吧！"

　　说完，飞机降落了。原来，他们来到了台北市区。在申小吉的叔叔还是个青葱少年的时候，就在电台里听台湾流行歌曲。那时候音乐排行榜上都是周杰伦、五月天、刘若英、梁静茹等歌星的名字。

　　可惜叔叔每说起一个歌星的名字，申小吉都摇摇头说"没听过"，以至于叔叔只好生气地又敲了敲他的脑袋。"为什么这也要打我嘛！明明是因为你年纪太大，听的音乐都落伍了！"申小吉委屈的同时也不忘贫嘴。

　　叔叔说："好！那这回，你就用Scratch来创作你们年轻人的音乐给我听听吧！不过啊，万丈高楼平地起，我们要先从基础学起。就像品尝台北美食，要从一碗地道的卤肉饭开始一样，走了，申小吉同学，开吃喽。"

声音池塘：声音汇总的地方

1. 每个角色都有自己的声音池塘

你们班上的同学使用QQ音乐时，每个同学都有自己收藏的曲库，这个曲库就是每个人专属的一片音乐池塘。

同样的，Scratch中的每个角色也都有自己专属的声音池塘，包含着专属的声音。

那么，怎么进入到每个角色的声音池塘呢？

送你一张"导航路径"：点击右下角的某个角色（如图中的狗）→点击左上方的"声音"标签→弹出左列声音列表（如图中的"Dog1"这个声音就是"狗"角色的专属曲库中的一首）。

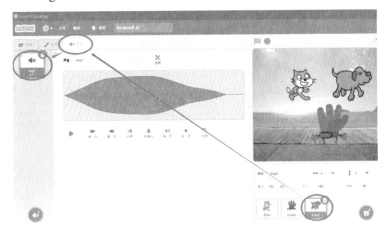

2．背景区也有自己的声音池塘

　　每个Scratch作品的背景也都有类似的"声音池塘"。导航路径与上面的类似：点击右下角的背景区→点击左上角的"声音"标签→弹出左列声音列表（如图中的"啵"这个声音）。

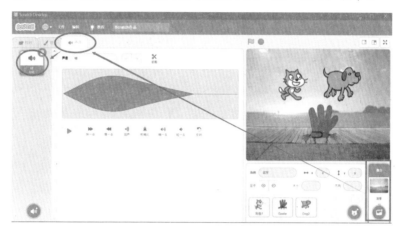

　　需要指出，每一个角色都有一个专属的声音池塘，但不是每一张背景都有一个专属的声音池塘，而是全部背景共用一个声音池塘。

源头活水：导入声音的三种方法

在Scratch中，为了让作品更有吸引力，我们要往每个角色或背景的专属声音池塘中添加声音。那么，这些声音是从哪里来的？

我们知道池塘水的主要源头是溪流，那么Scratch音乐池塘的源头也有三条溪流：从电脑上传声音，从Scratch曲库中选择，用Scratch录制。

1. 溪流一：从电脑上传声音

当我们对音乐有着严格要求，想上传一些Scratch曲库中没有的声音时，我们需要用到"从电脑上传"。

比如，我们桌面上有一首由可爱小女孩K娃演唱的幽默歌曲《我不想说我是鸡》，我们想把它用作背景音乐，而Scratch曲库中没有这首歌，就需要从电脑上传。

第一步，点击"上传声音"。

继续 →

第二步，点击"桌面"→点击歌曲《K娃-我不想说我是鸡》→
点击"打开"。

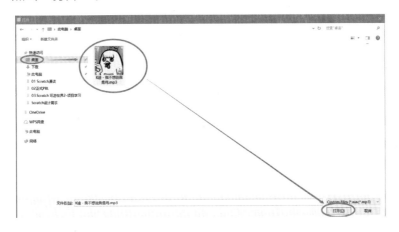

第三步，上传成功。如下图所示。

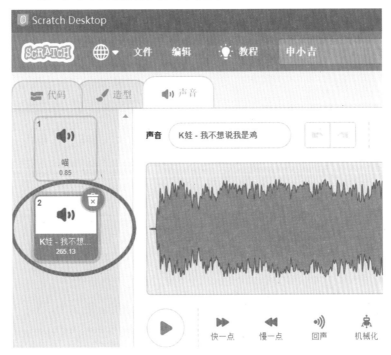

2. 溪流二：从Scratch曲库中选择声音

如果觉得溪流一的方法略麻烦，我们可以从Scratch曲库自带的300多首音乐中选择。具体方法如下。

第一步，点击"选择一个声音"。

第二步，选择一个声音。可以先筛选最上方的分类，再筛选分类下面的音乐；也可以输入名称搜索具体的音乐（比如"dog"）。

3. 溪流三：用Scratch录制声音

如果觉得溪流二的方法麻烦，也可以自己录制。录制方法如下。

第一步，点击"录制"。

第二步，点击橙色"录制"按钮开始录制。

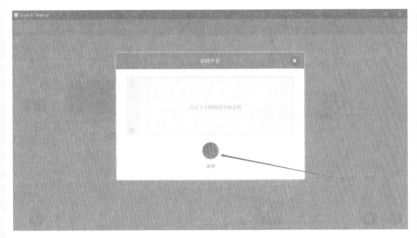

第三步，停止录制，播放。如不满意，重新录制；如果满意，点击"保存"，即录制的声音就进入声音池塘了。

继续 →

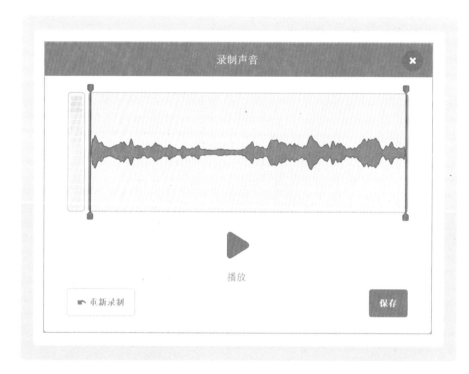

调味大师：编辑声音

除了不插电（Unplugged）音乐，我们在QQ音乐、酷狗音乐、网易云音乐等听到的以及很多插电的演唱会上的音乐，基本上都是编辑后的声音，主要用的技术是"多轨录音和电子音响合成技术"。

打个比喻，编辑音乐就像是给食物调味。不插电音乐就是从菜地摘了黄瓜洗净后直接原汁原味地吃，而编辑后的音乐是加过盐、醋、油、蒜后的凉拌黄瓜。

正如大多数人还是更喜欢吃调味后的刀拍黄瓜一样，大多数人也还是更喜欢编辑后的音乐。所以编辑音乐对创作作品很关键。

我们知道每个角色和背景区都有专属的"声音池塘"，而"声音编辑区"下方的按钮就相当于厨房里的调料一样，可以让我们的声音更有滋味。声音编辑区的按钮功能，见下表。

声音编辑区按钮	功能
▶	播放声音
▶▶ 快一点	让声音播放得快一点
◀◀ 慢一点	让声音播放得慢一点
•)) 回声	给声音添加回声效果
🤖 机械化	给声音添加机械化效果
🔊)) 响一点	让声音响一点

续表

声音编辑区按钮	功能
🔊 轻一点	让声音轻一点
↺ 反转	让声音倒序播放
↰	返回上一步操作
↱	前进下一步操作
✂ 修剪	截取声音片段
喵 声音	输入内容，给声音重新命名

　　我们从Scratch曲库中搜索"Crazy Laugh"（疯狂大笑）这个声音，然后逐个按声音编辑区的按钮进行尝试，就能了解它们的效果了。

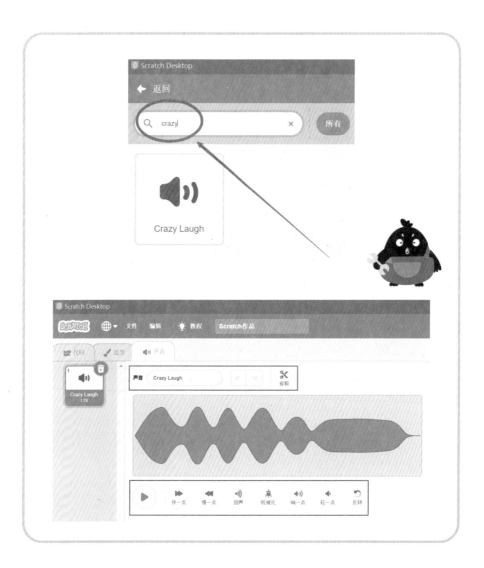

控场DJ：声音积木

DJ的英文全称是Disc Jockey，是LiveHouse（小型现场演出场所）、仓库派对、音乐节、酒吧等场所的打碟工作者，是调动现场气氛的灵魂人物。

播放和停止是DJ的基本功，在Scratch中有三块积木可以让你轻松掌控声音的播放与停止。

1. 播放直到声音结束

播放声音 喵 ▼ 等待播完 的功能是：播放某个声音直到结束。

这个声音可以根据第四章的方法，搜索"Rooster"，添加到声音池塘。然后组成下图所示积木。

点击空格键，听下这个声音，看看是哪个动物发出的，你喜欢吗？

2. 播放声音

播放声音 喵 ▼ 的功能和上面的积木略有差异，它的功能是：开始播放某个声音后（不会等待播放完毕）直接跳到下一个积木。为了加深印象，我们把 播放声音 Rooster ▼ 等待播完 积木替换成 播放声音 Rooster ▼ 积木，如下图所示。

这时当你点击空格键时，会发现播放的声音变得短促。

3．停止所有声音

停止所有声音 的功能比较简单，意思就是：停止播放所有的声音。注意，这里的"所有"是指属于当前角色的所有声音，不包括其他角色的声音和舞台背景声音。

4．调节音调

在Scratch里面，调节音调的积木有如下两个。

将 音调▼ 音效增加 10 的功能是：把对应角色的声音的音调调整至特定数值。声音数字越大，音调越高。比如，我们可以对猫的"喵"声音使用这个积木。

我们点击下图的积木组合，每点击一次空格键，"喵"的音调就增加10，叫声就更细、更尖。当我们连续点击六七次空格键的时候，声音就像刚出生的小鸟饿了的时候发出的叫声一样又尖又细。

继续 →

 的功能是：把对应角色的声音的音调设为特定值。比如，我们想把猫的叫声"喵"的音调调低沉，就可以将数值设为－100。

但它和 将 音调 ▼ 音效设为 100 的区别是，无论你点击几次空格键，音调都是－100，都一样低沉。

5. 调节音量

调节音量主要用下列两个积木。

将音量增加 -10 的功能是：把对应角色声音的音量增加至特定数字。

将音量设为 100 % 的功能是：将对应角色声音的音量设为标准音量的倍数。

继续 →

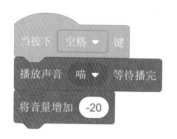 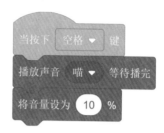

我们按照左上图中积木所示，将音量增加设为-20，每次按下空格键，音量就会减小20。按了三四次之后，声音会越来越小，到最后几乎听不见了。

我们按照右上图中积木所示，将音量设为10%。当我们每次按下空格键，音量都是原来的10%；不管按多少次，声音都一直保持不变。

6. 清除音效

的功能是：清除对应角色已经叠加的音效。

比如，我们按照下面的积木所示来设置，然后按四次空格键，会听到"喵"这个声音的音调一直在升高，且越来越尖细。这时，我们点击角色（小猫），触发了。这个时候，小猫叫声的音调就被调到正常位置了。

继续 →

接下来再点击空格键，会发现音调会从默认音效开始升

高，而不是从原来很尖细的音调再升高。

超级乐团：乐器与伴奏

Scratch给我们提供的是一个比交响乐团的乐器还多的乐器库。

首先，我们点击Scratch最左下角的蓝色模块。

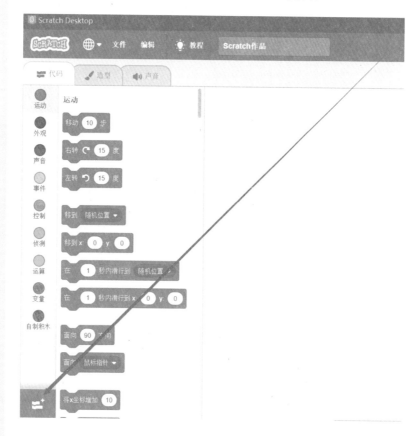

然后，点击"音乐"模块，结果如下图所示。我们在图中可以看到7个绿色积木块。

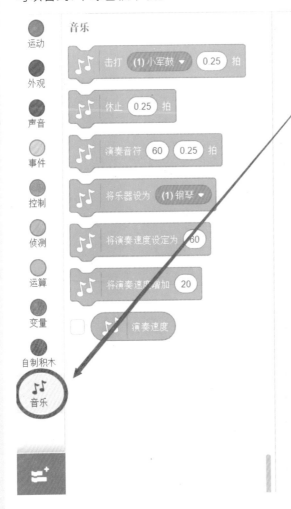

上图中各个积木块的功能及操作内容见下表。

继续 →

音乐类积木	功能	备注
击打 (1)小军鼓 ▾ 0.25 拍	演奏某乐器的特定拍数	点击"(1)小军鼓"右侧的下三角按钮可以选择其他乐器；在"0.25"处填入其他数字可以更改节拍
休止 0.25 拍	演奏停止特定拍数	在"0.25"处填入其他数字可以更改节拍
演奏音符 60 0.25 拍	演奏特定音符的特定拍数	点击"60"可以选择其他音符；在"0.25"处填入其他数字可以更改节拍
将乐器设为 (1)钢琴 ▾	将演奏乐器设定为特定乐器	点击"(1)钢琴"右侧的下三角按钮可以选择其他乐器
将演奏速度设定为 60	将演奏速度设定为特定数值	在"60"处填入其他数字可以更改演奏速度
将演奏速度增加 20	将演奏速度增加至特定数值	在"20"处填入其他数字可以更改演奏速度增加的幅度

我们试演奏下《两只老虎》的前奏片段，拖动下图所示积木，
分别按下键盘上的1、2、3键，然后重复1—2—3—1—2—3—1。

我们可以尝试把乐器设为钢琴、马林巴琴，看看效果如何。

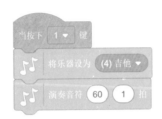

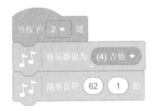
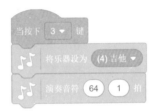

申小吉做出来的音乐作品让叔叔玩得不亦乐乎，于是小吉就得
意起来了："看吧！这就是我们年轻人的音乐！怎么样？比您那些老
掉牙的歌好听吧？"

叔叔停了下来，然后瞬间装出忧郁的神情，假装用很认真的语
气说："每个时代都有代表每个时代的音乐。"

申小吉不由得抖动了一下："您老人家还是正常点吧！"

叔叔马上被他逗笑了，又敲了敲申小吉的脑袋，说："走吧！台
北我们也玩差不多了，也品尝了凤梨酥、盐酥鸡、贡丸、蚵仔煎、
台北芋圆、奶茶等好吃的了，咱们该去下一个好玩的地方了。"

第五章

Scratch※动画！你是最炫酷的总导演@上海

所谓智慧就是你有一种能力：不用干活却总能把事做成。

——李纽斯·托瓦兹

　　李纽斯·托瓦兹（Linus Torvalds），1969年生于芬兰，全球最著名的计算机程序员之一。他在学生时代发明的Linux操作系统至今风靡全球，成为与Windows系统、MacOS系统并列的全球主流三大操作系统之一，并于2014年荣获"计算机先驱奖"。美国《时代周刊》评选出的20世纪100位最重要人物中，李纽斯居然排到了第15位，而全球首富、微软创始人比尔·盖茨不过才排名第17位。《时代周刊》这样评价他：有些人生来就具有统率百万人的领袖风范，另一些人则是为写出颠覆世界的软件而生。唯一一个能同时做到这两者的人，就是托瓦兹。

"下一个好玩的地方是哪里？"申小吉在飞机上不停地追着叔叔问。

　　"待会我们要去的这个地方就跟电影有很大关系。但你又不喜欢看……"叔叔故意皱了皱眉头。

　　"谁说我不喜欢了？"申小吉抢着回答，"最近还在看《大闹天宫》呢！"

　　叔叔不禁笑了："那就太好了！我们要去的地方——上海，就是这部动画最早诞生的地方。上海可是中国电影的发祥地……1921年，中国第一部正式意义上的电影故事片在上海诞生……上海电影制片厂是中国三大电影基地之一……现在很著名的上海国际电影节早在1993年首次举办……叔叔我小时候也喜欢看《大闹天宫》，它是上海美术电影制片厂于1961年-1964年制作的一部彩色动画长片，可经典了！"

　　申小吉听完后捧腹大笑："代沟啊，代沟啊，叔叔我看的《大闹天宫》是甄子丹主演的……"

　　叔叔白了他一眼："笑笑笑，你厉害，那你能用Scratch把动画做出来吗？"

造型工作室：管理角色的造型

在真人影视剧中，导演要靠喇叭或对讲机给演员下达指令。而你在创作Scratch动画作品时，你就是这部动画的总导演，所以你可以给所有角色下达指令。在Scratch中，下达指令的方式同样要靠积木来完成。

Scratch主要的外观积木

积木	功能	备注
显示	让对应角色在舞台区显示	角色仍然列在角色区，只是在舞台区显示
隐藏	让对应角色在舞台区隐藏	角色仍然列在角色区，只是在舞台区隐藏
换成 造型1 ▼ 造型	让对应角色切换成指定造型（比如造型1）	造型可以自主上传、录制、从Scratch造型库中选择
下一个造型	将对应角色切换到下一个造型	切换到最后一个造型后，将返回开头继续切换
将 颜色 ▼ 特效增加 25	为对应角色添加特效，每次添加特定值（比如25）	Scratch3.5.0的外观特效共有颜色、鱼眼、旋涡、像素化、马赛克、亮度、虚像7种

续表

积木	功能	备注
将 鱼眼 ▼ 特效设定为 30	将对应角色的某个特效设定为固定值（比如30）	Scratch3.5.0的外观特效共有颜色、鱼眼、旋涡、像素化、马赛克、亮度、虚像7种
将大小增加 10	将对应角色的大小增加至特定值（比如10）	角色的长和宽是等比例扩大
将大小设为 100	将对应角色的大小设为固定值（比如100）	角色的长和宽是等比例扩大
清除图形特效	清除对应角色全部的图形特效	一般用在一串积木的开头和结尾

1. 关于造型的那些事：造型的概念

我们知道角色的外观是影视作品最直观的部分。在真人电影和电视剧里，都有专业的造型师为角色挑选服装、发型、妆容，甚至要求演员增重或减肥来控制演员身型的大小，这样呈现出来的外观形象就是造型。

Scratch中，每个角色都有专属的"造型库"，这些造型库就像是手机相册里面的Pose（姿势）汇总，这些Pose是同一个角色，但可能穿着不同的衣服，做着不同的动作，有着不同的表情。

继续 →

Scratch的造型库所在的位置如下图所示。

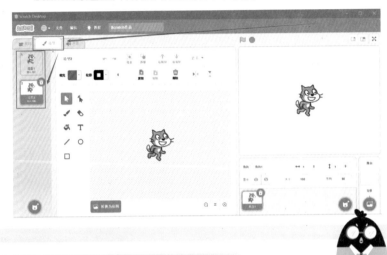

2. 黄老鸭捉迷藏：显示/隐藏

在动画中，我们想让角色时隐时现，就需要用到 显示

和 隐藏 。

比如，我们要做一个黄老鸭捉迷藏的动画，具体做法如下。

首先，点击Scratch造型库右下角的 🐱 ，选择一个角色。我们输入"Duck"，黄老鸭就出现了，然后点击它新增角色。

继续 →

接着，我们在Scratch最左侧黄色的"事件"积木群中拖出 ，在深紫色的"外观"积木群中拖出 显示 和 隐藏 。按照下图所示调节好参数。

这时候，我们点击键盘上的左键，黄老鸭显示；点击右键，黄老鸭隐藏。

需要说明的是， 显示 和 隐藏 控制的是角色在舞台区的显示和隐藏，并不会删掉这个角色。如下图所示，当我们点击"→"键后，黄老鸭在舞台区隐藏了，但仍然在角色区，并没有被删掉。

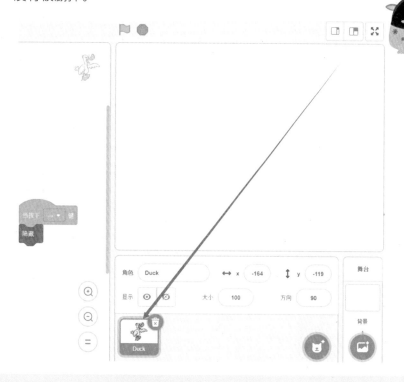

3. 你来给奥斯卡影帝摆造型

想象你现在是控场能力爆棚的世界级摄影大师，在摄影棚给奥斯卡影帝"小李子"（莱昂纳多·迪卡普里奥）拍照。当他做了一个造型之后，你很满意，还要继续拍，你会说什么？

我想你会说"下一个造型"或者"做一个低头摸鼻子的造型"。

同样，你用Scratch控制造型，和刚才的画面一样。你还是那个控场能力爆棚的摄影大师，只是"小李子"换成了Scratch中的某个角色，你把用嘴命令他"下一个造型"换成了用手拖动 下一个造型 积木来控制。把用嘴命令他"做一个低头摸鼻子的造型"换成用手拖动 换成 低头摸鼻子 ▼ 造型 。

让我们一起来模拟刚才的画面。

第一步，点击右下角角色区的 ，再点击 选择一个角色 ，然后输入"dee"，金发男孩就出现了，如下图。

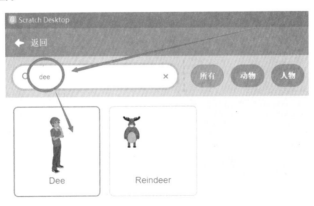

继续 →

第二步，我们点击dee这个角色，再点击左上角的造型，选择第四个造型，修改成"低头摸鼻子"。最后点击"代码"，如下图所示。

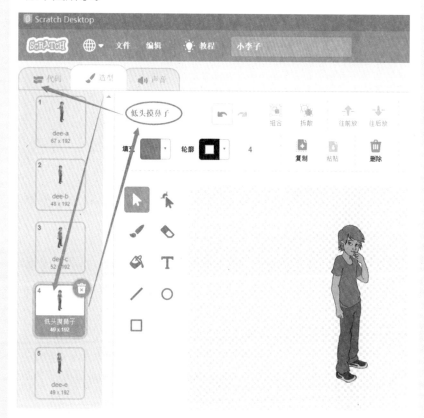

第三步，在Scratch最左侧黄色的"事件"积木群中拖出 ，在深紫色的"外观"积木群中拖出 和 换成 dee-a ▼ 造型 。按照下图所示调节好参数。

继续 →

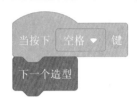 

接下来，我们点击键盘上的空格键，就可以看到这个名叫dee的金发小哥哥不停地切换下一个造型了。点击键盘的A键，就切换成了固定造型，也就是低头摸鼻子的造型。

4．让角色增重和减肥：调整角色大小

中国人最熟悉的印度演员阿米尔·汗为了饰演电影《摔跤吧！爸爸》中的老爸，先让自己长胖，短期内增重27千克，以完成角色中老年部分戏份的拍摄。然后，他又挥汗如雨地进行了近半年的体能训练，减掉赘肉，练出八块腹肌，完成角色青年部分戏份的拍摄。

类似的，有时候在制作Scratch动画时，我们需要让角色增大和缩小。主要靠两个积木 将大小增加 10 和 将大小设为 100 来完成。

将大小增加 10 的功能是将对应角色的大小增加，每次增加特定值（比如10）。

将大小设为 100 的功能是将对应角色的大小设定为固定值（比如100）。

继续 →

我们点击Scratch左上角的"文件—新作品"新建一个作品。

点击右下角 ，再点击 选择一个角色，进入下图。

在下图中输入frog，就出现了我们要的角色了。

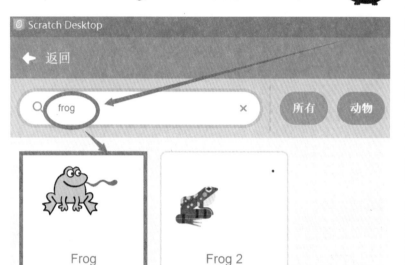

然后分别在黄色的"事件"积木群中拖出 ；

在橙色的"控制"积木群中拖出 和 ；

最后在紫色的"外观"积木群中拖出 ，然后按下

图左边的积木方式拼接并改动数字。

继续 →

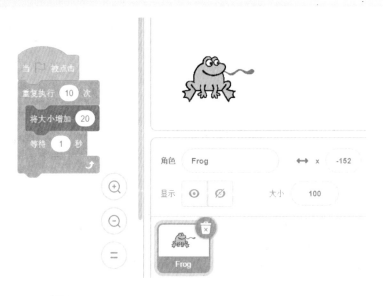

点击 🚩 ，我们看到青蛙每等待1秒就变大一些，进行10次操作的过程中，一次比一次大。

现在我们做如下改动，再次点击小绿旗，我们看到青蛙变小了并且保持不动。

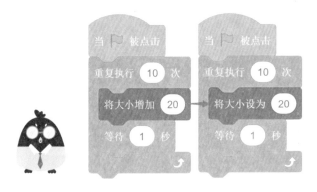

借助这个例子，我们就能直观地看到 将大小设为 20 和 将大小增加 20 的区别了。

继续 →

5. 超有意思的特效：调整角色的特效

给角色添加特效，会给作品带来不一样的视觉体验。好比《我的世界》（*Minecraft*）这款游戏就是典型的像素化游戏，全部的角色、画面都加了"像素化"特效，令人过目不忘。

同样的，Scratch也可以用两个积木来给角色和背景添加特效。

首先我们在黄色的"事件"积木群中拖出  当按下 空格 ▼ 键 ，再在紫色的"外观"积木群中拖出  将 鱼眼 ▼ 特效增加 25 ，按下图所示叠加到一起，然后点击下三角按钮选择鱼眼特效，把特效增加值设为25。

继续 →

我们连续点击空格键，就可以看到小猫的鱼眼特效越来越大，非常好玩。

我们再用类似的方法拖出 将 鱼眼 ▼ 特效设定为 25 ，这一次，特效被设定为一个固定不变的值，无论我们点击多少次空格键，小猫都会出现鱼眼特效，但特效程度不会跟刚才一样越变越大。

动画大事件：把控作品的节奏

在实际拍摄中，导演组会使用一块记载着资料的小木板，利用开合发出的响声来触发事件的发生，比如开拍（Action）或暂停拍摄（Cut），这个控制事件发生的小木板叫"场记板"。

与之类似，用Scratch创作的时候，想让一些行为在某些事件触发后进行，就要使用类似于场记板的积木——"事件"积木。

积木	功能
当 🚩 被点击	当绿旗被鼠标点击时，运行脚本区的积木
当角色被点击	当角色被鼠标点击时，运行脚本区的积木
当按下 空格 ▼ 键	当按下键盘的某个键，运行脚本区的积木
当 响度 ▼ > 10	当电脑侦测到周围响度大于某个值时，运行脚本区的积木

　　表中的前三个积木块，我们在前面的程序中都已经使用过，相信大家都比较熟悉了。我们重点讲下 当 响度 ▼ > 10 的作用，即当你的电脑侦测到周围的声音响度大于某个值（比如10）时，就触发后续的积木。

　　下面我们做一个用响度帮助小猫成长的好玩程序。

　　我们点击 SCRATCH ⊕ ▼ 文件 编辑 代码 新作品，从橙色的"事件"积木群中拖出 当 响度 ▼ > 10，再从紫色的积木群中拖出 将大小增加 10，叠加到一起，组成下面的积木。

继续 →

　　如果此时你的周边有比较大的响声，你就会发现小猫逐渐变大，好像神秘的声响帮助小猫长大一样。如果此时你的周边非常安静，你可以对着电脑喊一声，你就会发现喊一声，小猫长大一次。

　　现在请你把响度从10调到30试一试，再调到100试一试。如果小猫不长大了，对着电脑大喊一声，看看它会不会长大。

管理角色的台词

台词是作品的灵魂，能凸显人物的个性和情节的发展。

在Scratch中，让角色表现的台词主要分为字幕型台词和朗读型台词。

1. 字幕型台词：说台词与内心独白

Scratch字幕型台词在紫色的外观积木中。使用这些积木，相当于在角色旁边加字幕、旁白和标注，并不会真的像影视作品人物一样发出声来。

字幕型台词积木及其功能	举例
说 你好！ 2 秒 在指定的时间内（比如2秒）显示角色说话的内容	说 你好，靓仔！ 2 秒 　你好，靓仔！
说 你好！ 一直显示角色说话的内容	说 狗熊是怎么死的？ 　狗熊是怎么死的？

续表

字幕型台词积木及其功能	举例
 思考 嗯…… 2 秒 在指定的时间内（比如2秒）显示角色思考的内容	 思考 狗熊是怎么死的? 2 秒 狗熊是怎么死的?
 思考 嗯…… 一直显示角色思考的内容	 思考 他是不是在调戏我? 他是不是在调戏我?

2. 朗读型台词：读台词

上面讲的字幕型台词是用眼睛来看的，那如果我们想用耳朵听角色朗读台词，该使用哪些积木呢？Scratch在3.5.0版本中新增了一个"文字朗读"积木群，它在哪里呢？

如下图所示，点击最左下角的蓝色图标进入扩展积木群，点击"文字朗读"积木群即可进入。

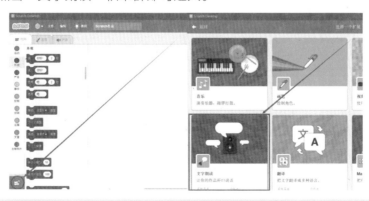

文字朗读积木群

文字朗读积木	功能	备注
	让角色朗读输入的内容（比如"你好"）	支持输入大段文字
	设定朗读时使用的嗓音（比如"中音"）	支持5种音调：中音、男高音、尖细、巨人、小猫
	设定朗读时使用的语言【比如Chinese（Mandarin）】	支持汉语、英语、德语、法语、日语、韩语、俄语、意大利语、西班牙语、葡萄牙、阿拉伯语等23种语言

　　下面我们选择鸡这个角色来朗读两段大家喜爱的B站中的一段对白。

　　目标是让一只鸡在篮球场上，点击1时让鸡用中文男高音朗读"鸡你太美"，点击2时让鸡用英文的尖细嗓音朗读"Hen you are so beautiful"。

继续 →

首先，我们在右下角的 中选择一个角色，输入 chick（鸡），选中第三个角色。

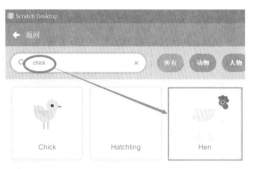

然后，我们在右下角的 中选择一个背景，输入 basketball（篮球），选中第二个背景。

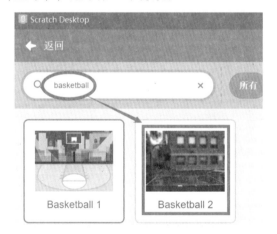

接着，我们添加"朗读文字"积木群，然后按下图所示排列积木。

继续 →

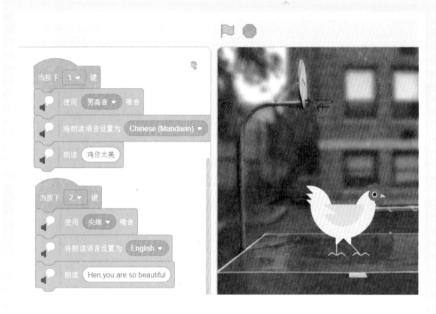

此时分别点击键盘上的1键和2键，听听朗读效果如何。

　　"叔叔你太厉害了！噢，不对！是Scratch太厉害了！居然可以做出动画来！"申小吉一边完成任务一边连连感叹。

　　叔叔敲了敲他的脑袋："Scratch再厉害，如果没有为叔教你，你会吗！真是的，称赞下我都不行！"

　　申小吉摸摸头，吐了吐舌头，说："对对对，还是我叔厉害，不愧是神奇集团的高级工程师！"

　　叔叔马上一脸骄傲："那当然！"

　　申小吉顺势说："既然动画我也学会了，那我厉害的叔叔，可以带我去下一个地方学新的技能吗？"

　　叔叔还沉浸在骄傲当中："见你这么乖巧，就答应你吧！走！滴滴专机飞起！"

第六章

Scratch※艺术！你是最时尚的艺术家@北京 ·

一件作品只有三种评价："Yes！""No！"和"哇！"每个创作者应该追求"哇！"

——米尔顿·格拉泽

米尔顿·格拉泽，1929年生于纽约，全球最著名的平面设计师之一，波普艺术流派（Pop Art）世界级大师，万名设计师票选的"50年以来世界最重要的设计师"。他曾为诺贝尔文学奖得主、民谣教父鲍勃·迪伦（Bob Dylan）创作海报；为纽约州设计的标识"I love NY"成为人类历史上最多被效仿的标识；多次在纽约现代艺术博物馆和法国乔治·蓬皮杜艺术中心举办个人展览；还在全球最顶尖设计专业学院即纽约视觉艺术学院担任主席。

中华人民共和国万岁

世界人民大团结

飞机降落在首都国际机场，申小吉格外兴奋。叔叔见申小吉这么开心，也兴奋了起来："看来你似乎对北京很了解，要不你来给我介绍介绍这座城市吧。"

"没问题！"申小吉兴致勃勃，学着叔叔开始说教的样子，"北京是一座迷人的城市，既有古典风韵，又具时尚气息。来北京必去的景点非天安门、故宫、长城莫属，这些都体现着北京作为中国的首都而具有的博大精深的文化底蕴。但同时，北京还有着有意思的小胡同、老茶馆、繁华商业区等等，既有老京味儿，又很国际化。这是一座伟大的城市……"

"你这还敢说自己语文成绩差呢！一篇抒情散文都背出来了！"叔叔被申小吉装模作样的介绍给逗笑了，又接着说，"你说得很对。北京是一个很有文化底蕴的城市，因此它也是中国艺术气息很浓的城市。以北京798艺术区为代表，北京聚集了中国最有创造力、优秀的一批艺术家。我们这次来，除了要带你把刚刚说的那几个景点都逛了，吃点炒肝、豆汁儿、炸酱面、全聚德烤鸭，叔叔还要教你用Scratch创作艺术作品，顺便提升一下你的艺术水平，让你在皇城根下做一个帅气的文艺男孩！"

古典艺术遇见潮流科技：数字艺术

《王者荣耀》甄姬的皮肤"游园惊梦"，它是计算机前沿科技与古典京剧艺术结合而成的数字艺术的代表。

中国古典艺术和全球潮流科技结合会发生什么奇妙的事情？京剧是我们中国的国粹艺术，是中国古典艺术的巅峰之一；计算机是影响全球的科技成果，是当代科学技术的最好体现。它们貌似风马牛不相及，但实际上……

上面这张美轮美奂的图就是二者结合后的产物。没错，它就是腾讯天美工作室的那些从小学习美术绘画的，那些毕业于中央美院、清华美院等高校的设计师们利用计算机为创作工具，融合中国古典艺术的京剧元素，为《王者荣耀》的角色之一甄姬设计的一款"游园惊梦"的皮肤。细节处理细腻，色彩搭配古典梦幻，备受玩家喜爱。

事实上，当今艺术的一个主流分支就是数字艺术。创作甄姬这个角色及对应皮肤的过程，实际上就是一个创作数字艺术的过程。它的实际开发流程如下图所示。

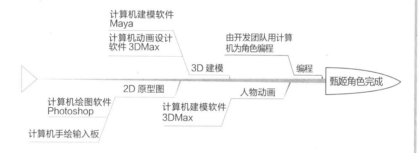

可以看到，创作数字艺术的每一步都离不开计算机这个创作工具。

因此，如果我们未来想从事数字艺术的创作，就要先学习用计算机创作艺术作品。

Scratch团队为了培养我们的艺术创造力，开发了一套艺术编程工具，这套工具是非常好的入门工具。

无敌神笔马良：选择"绘画"扩展

打开Scratch，点击左下角的 进入扩展，点击"画笔"

扩展。

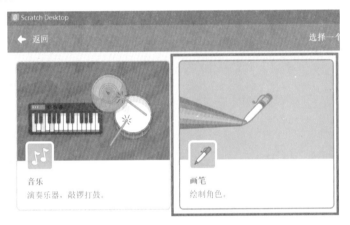

这时候，在Scratch主界面的下方就多了一个"画笔"模

块，如下图。

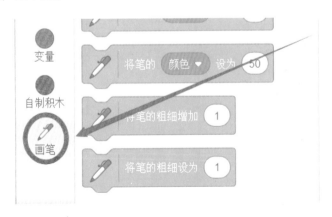

1. 落笔

的功能就是落笔，如同我们练字时的落笔。

落笔到字帖上，如果我们的手不移动，那么就看不出效果。同样的，这个积木一般搭配运动积木使用。比如下图，我们搭配 移动 10 步 运动积木。

当我们点击空格键的时候，铅笔这个角色就开始"落笔"以及"移动10步"，在铅笔移动的后面就画出了一条线。

继续 →

2. 抬笔

：抬起角色的画笔，使得角色移动时不再画画。

我们把上面的积木改成下图所示的样子，试试看如何。

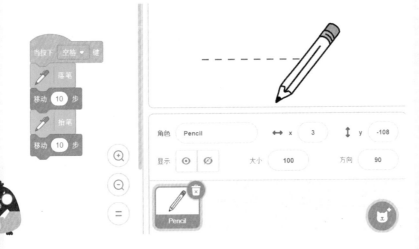

在这个程序里，当我们连续点击空格键之后，铅笔画出来的是虚线，这是为什么呢?

首先， 搭配  移动 10 步 的效果是"我轻轻地离开，只留下一地空白"。

在这个程序里，当点击空格键后，"落笔"+"移动10步"="铅笔留下实线"，"抬笔"+"移动10步"="铅笔留下空白"。实线—空白—实线—空白……依此循环进行，就形成了图中的虚线。

3. 图章

 图章 的作用是把角色的造型像盖印章一样盖在舞台区。

一个图章只是角色在舞台区留下痕迹的一个临时的图像。一个图章不能移动，而且不能承载积木。

接下来，我们运用这个图章做一个程序。

继续 →

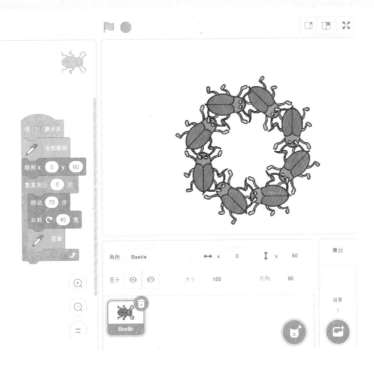

在这个程序里，我们在点击小绿旗之后，把舞台区清空，把昆虫移到（0，60）这个位置之后，我们让昆虫移动70步后右转45度，再在舞台上打上图章，在舞台区留下了昆虫此时此刻的姿势。重复8次上面的动作，就在舞台区上打下了8个图章，在舞台区留下了昆虫8个时刻的姿势。

欲善其事，先利其器：设置画笔

　　一个好的涂鸦艺术家需要好的喷漆，一个好的吉他演奏家需要一把好吉他，一个好的摄影师需要一台好的单反相机。

　　孔子说："工欲善其事，必先利其器。"工匠想要把他的工作做好，就一定要先让自己的工具锋利。

　　同样的，艺术家是美好事物的创造者，如果想创造出触动人心的艺术作品，就必须要有一套好用的创作工具并且能熟练掌握。

　　Scratch为我们进行艺术创作提供了一套好用的工具，接下来我们要做的就是熟练使用这些工具。

积木	功能	备注
 将笔的颜色设为 ◯	将笔的颜色设定为特定值	颜色可以自己设定，也可以从特定的区域截取
 将笔的 颜色▼ 增加 10	将笔的特性（比如颜色）增加至特定值	除了颜色，还可以改变饱和度、亮度、透明度
 将笔的 颜色▼ 设为 50	将笔的特性（比如颜色）设定为固定值	除了颜色，还可以改变饱和度、亮度、透明度
 将笔的粗细增加 1	将笔的粗细度增加至特定值	填正数表示将笔加粗，填负数表示将笔变细
 将笔的粗细设为 1	将笔的粗细度设定为特定值	可填正数

1. 设置画笔的颜色

 的作用是将笔的颜色设定为特定值。

设置颜色的方法有以下两种。

第一种，我们想自由设置颜色。如下图所示，调节箭头所指的三个滑竿即可调节颜色。

继续 →

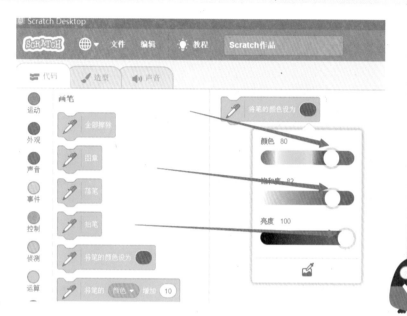

第二种，我们想要用舞台区上昆虫头部颜色作为笔的颜色。如下图所示，我们先点击圆框中的取色笔，这时候舞台区会亮起来，但其他区域会变暗，我们把鼠标移到昆虫头部的位置，即可取到昆虫头部的颜色。

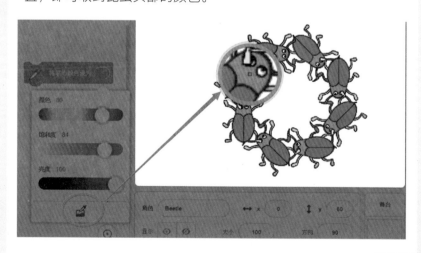

继续 →

下面我们就按上面的方法将昆虫头部的橙色作为画笔的颜色，做一个画画的程序，如下图。

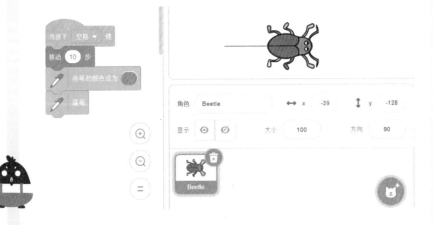

当我们点击空格键的时候，昆虫往前移动10步，同时画出一条直线，直线与昆虫头部的颜色一模一样。

2. 设置画笔的特性

要改变画笔的特性就要用到以下两个积木。

积木	功能	备注
将笔的 颜色 ▼ 增加 10	将笔的特性（比如颜色）增加至特定值	除了可以改变颜色，还可以改变饱和度、亮度、透明度
将笔的 颜色 ▼ 设为 50	将笔的特性（比如颜色）设定为固定值	除了可以改变颜色，还可以改变饱和度、亮度、透明度

画笔的特性有颜色、饱和度、亮度、透明度四种。我们以下表来说明笔的四种特性。

示例积木	笔的四种特性	笔的效果
当按下 空格 ▼ 键 将笔的颜色设为 ○ 重复执行 10 次 移动 10 步 落笔 将笔的 颜色 ▼ 增加 20 ✓颜色 饱和度 亮度 透明度	将笔的 颜色 ▼ 增加 10	
	将笔的 饱和度 ▼ 增加 10	
	将笔的 亮度 ▼ 增加 10	
	将笔的 透明度 ▼ 增加 10	

3. 设置画笔的粗细

在纸上画画，为了设置画笔的粗细，我们可能需要选择笔尖粗细不同的铅笔。

在Scratch里画画，设置画笔的粗细，只需要用下面这两个积木就可以了。

继续 →

积木	功能	备注
将笔的粗细增加 1	将笔的粗细度增加至特定值	填正数表示将笔加粗 填负数表示将笔变细
将笔的粗细设为 1	将笔的粗细度设定为特定值	可填正数

设置画笔的积木	举例及效果
将笔的粗细设为 1	
将笔的粗细增加 1	

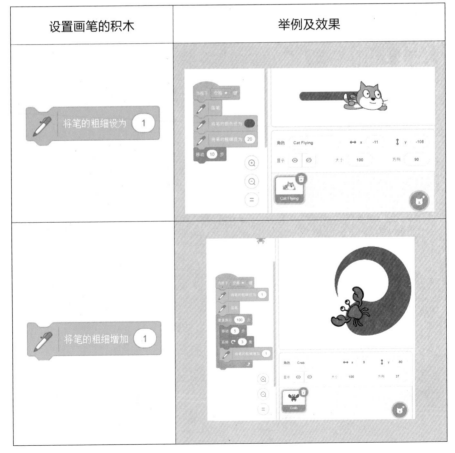

在上面两个例子中可以看出  和   的差别。把笔的粗细程度设定为特定值之后，画出来的线粗细程度都是一样的。而把笔的粗细程度增加1则是动态的，每循环一次，就变粗1次，循环100次之后，笔就变得非常粗了。

我手绘我心：Scratch画板

1. Scratch画板的位置

我们在上美术课的时候，都需要有画板让我们可以在上面自由绘画、修图。

在Scratch中也有一个这样的"画板"，你可以在这里面自由绘图、修图。

在画板中你可以自由绘制、编辑角色造型或自由绘制背景。

Scratch画板所分布的2个位置		
角色造型的"画板"	点击特定的角色（比如"角色1"）→点击左上角"造型"两个字	
背景的"画板"	点击舞台区（比如"角色1"）→点击左上角的"背景"两个字	

2．画板中的主要按钮

按钮	含义	示例
 选择	选中图中的某部位	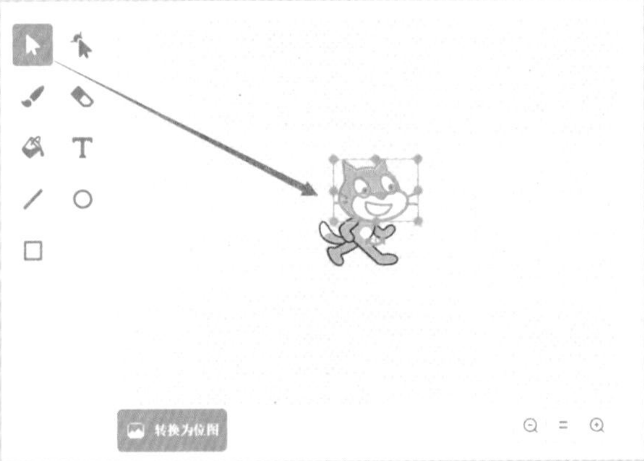 点击"选择"按钮后再点击小猫的嘴巴，效果如上图
 变形	选择图中的某部分，并任意修改它的形状	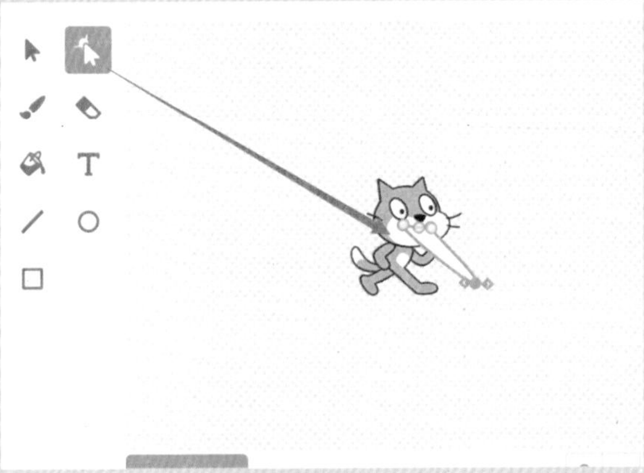 点击"变形"按钮后再点击小猫的嘴巴，然后按下鼠标左键不松手往右下拖动，就出现上图效果了

续表

按钮	含义	示例
 画笔	用选中的颜色自由绘画	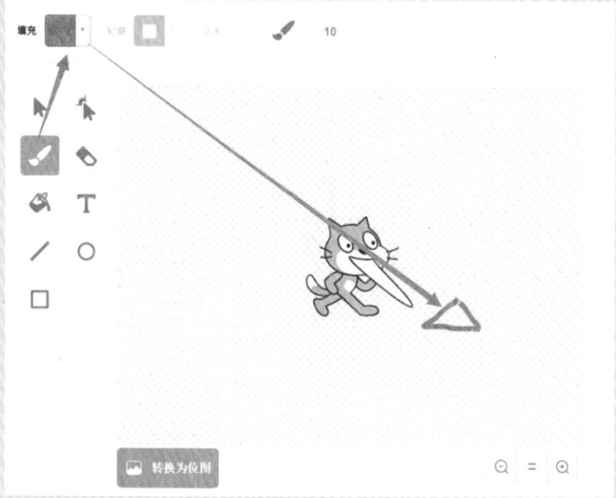 点击"画笔",选择填充颜色为红色,然后在猫舌头下方,按下鼠标左键并移动,画一个红色三角形
 填充	为图中的某部位涂上某种颜色	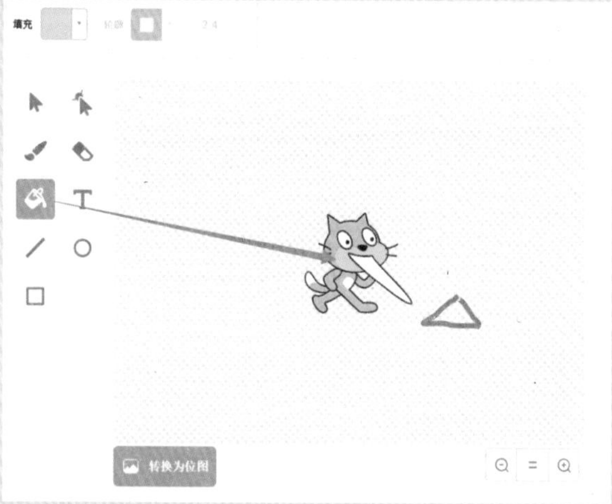 点击"填充",选择填充颜色为绿色,然后点击小猫的腮部,按下鼠标左键,小猫的腮部就全部被填充了绿色

续表

按钮	含义	示例
 **T** 文本	在画布上添加文字	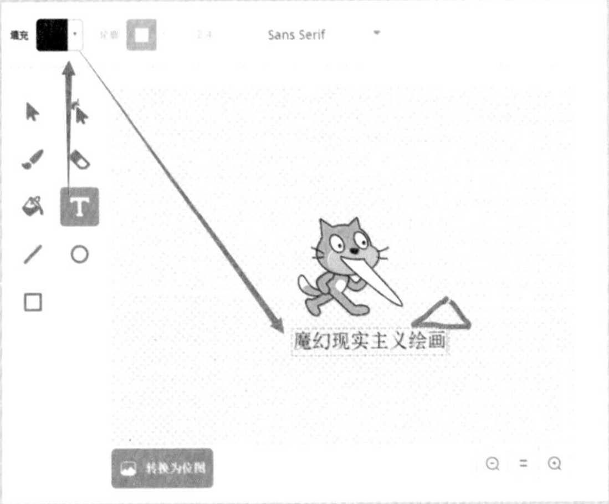 点击"文本"，选择文本颜色为黑色，然后点击小猫脚下区域，在弹出的文本框里输入文本（比如"魔幻现实主义绘画"）
 / 线段	可用于画任意角度的线段	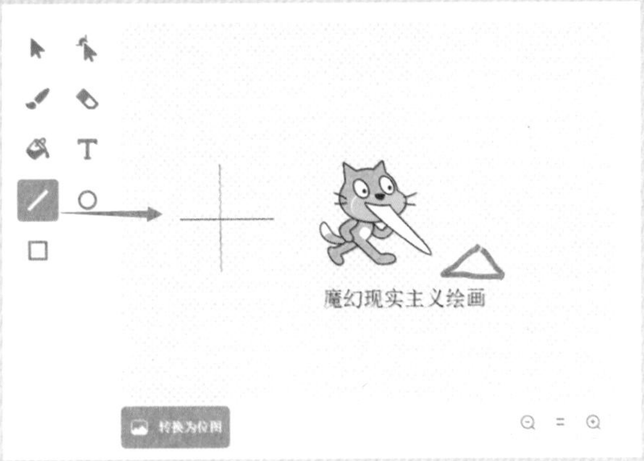 点击"线段"按钮后，按下鼠标左键不松手上下左右各拖动一次，就出现了上图的十字形状

续表

按钮	含义	示例
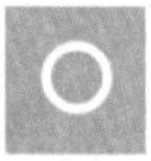 圆	可用于画任意形状的圆和椭圆	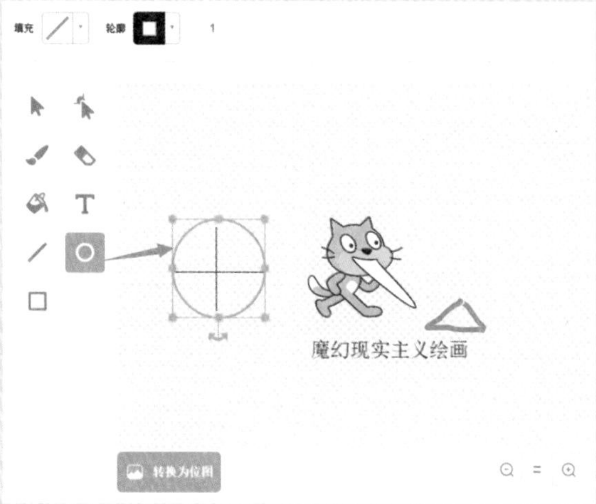 点击"圆"按钮后，按下鼠标左键不松手四处拖动，直到圆形包裹住十字形状
 矩形	可以画任意形状的矩形	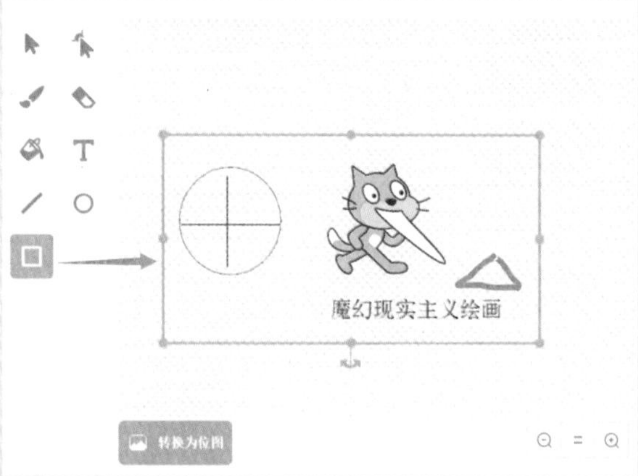 点击"矩形"按钮后，按下鼠标左键不松手往右下拖动，直到包围圆环、小猫、文字、红三角

申小吉在故宫里感受到了古代皇家宫殿建筑的精致，在长城上感受到了一揽众山小的伟岸，在天安门感受到了升旗仪式的庄严与神圣……这些感受都被他融入了艺术作品中，利用Scratch发挥得淋漓尽致，以至于他不禁甩甩头，跟叔叔说："叔叔，我觉得我现在已经是一名帅气的文艺男孩了，需要配上一头文艺人特有的长发……"

叔叔毫不留情地对他说："得了吧，你现在甩起来的只有头屑！"

申小吉做了个鬼脸，然后登上了停在身边的网约飞机。

第七章

Scratch※语文！你是最具脑洞的故事王@香港

人生苦短，Python是岸。

——吉多·范罗苏姆

吉多·范罗苏姆（Guido van Rossum），荷兰人，外号"龟叔"，"他创立了风靡全球的Python编程语言"。拥有阿姆斯特丹大学的数学和计算机科学硕士学位的龟叔接受采访的时候说："作为一名数学家，我其实更大的乐趣在计算机编程里面。"因为喜欢编程，1989年圣诞节期间，龟叔开始创立Python语言。

由于科技圈普遍相信下一次科技革命将是以5G和大数据为基础的人工智能，而Python则是解决上述问题最高效的语言之一，因此Python普遍被认为将成为未来20年内最主流的编程语言之一。此外，Python语言易学，学过Scratch的小学生都能轻松学习。目前，广东、山东、浙江、重庆等省市的小学信息技术教材已经将Python学习纳入其中。

香港

透过飞机窗户，申小吉一眼就认出了这个城市："啊，香港！妈妈带我来过这里！早茶，鱼蛋，撒尿牛肉丸，杨枝甘露，太多好吃的好玩的！"

叔叔惊喜地说："哟，不错噢！总算有个你一眼就认出来的城市了。"

"是啊，我还去了迪斯尼、杜莎夫人蜡像馆，可好玩了。"申小吉兴奋地说。

"其实，香港还有一个方面是很有特色的——它的文学。虽然香港历经沧桑，但中国传统文化却并未在香港出现断裂。比如香港现在还是用繁体字，比如香港四大才子，影响了好几代人。金庸的武侠小说，我没见过哪一代年轻人不喜欢看的。

"可是，这与我们Scratch有什么关系呢？"

"有啊，Scratch可以把单调的语文课本中的故事变成丰富多彩的动画，赶紧试试吧。"

无背景不故事：切换背景

所有的故事都要有发生的场景。比如《熊出没》故事发生的场景是北方森林，《马小跳》故事发生的场景主要是在学校和家里。主人公可以有一个，但是场景却会有好多个。Scratch中的背景就对应着上面的场景，要想把故事串起来，就必须懂得切换背景。在Scratch中如何切换背景呢？

1. 背景库：无背景不故事

我们知道一个Scratch作品中可以有多个背景。这些背景存放在哪里呢？就存放在代码区和声音池塘中间的背景库中，如下图所示。点击该区域，进入背景库，就可以看到所有的背景了。

2. 选择背景图片

选择背景图片的方式和选择角色的方式类似。

点击Scratch最右下角的 ，就会弹出如下表所示的四种方法。

选择背景图片	具体方法	备注
	上传电脑中的背景图片	最佳图片规格 480px×360px
	利用Scratch绘制一张背景图片	请参考第7章
	从Scratch背景库中随便选一张	完全随机产生
	从Scratch背景库中挑选一张	可以输入英文搜索，也可以点选

我们以最常用的 🔍 为例，从Scratch背景库中挑选一张城堡的背景图。

先点击 🖼 ，再点击 🔍 ，再在出现的页面中输入城堡的英文——castle，就出现了几张城堡的背景，选择一张你喜欢的，比如名叫"Castle3"的这一张，点击它之后即可添加到背景库中了。

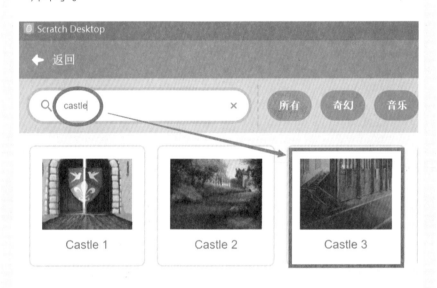

3. 切换背景：我就住这间房！

故事推进过程，我们需要切换背景。

Scratch中与背景相关的积木汇总表		
换成 背景1 ▼ 背景	将背景换成背景库中的某个背景（比如名叫"背景1"的背景）	必须先把特定背景（比如名叫"背景1"的背景）添加到背景区，才能用该积木
下一个背景	将背景切换成背景库中的下一个背景	背景库的背景顺序可以手动排序
换成 背景1 ▼ 背景并等待	将背景换成背景库中的某个背景（比如名叫"背景1"的背景），并等待它的积木代码运行结束	这个积木只能"指挥"背景区的背景；本表中其他的三个积木则既能指挥背景区的背景，还能指挥角色区的角色
当背景换成 背景1 ▼	当背景切换成了某个背景（比如名叫"背景1"的背景）后，运行接在它下面的积木代码	必须先把特定背景（比如名叫"背景1"的背景）添加到背景区，才能用该积木

比如，现在让我们创作一个故事：你热情好客的妹妹叫 Ballerina，有一天她带着闺密参观你家，她一一介绍了你家的卧室并告诉闺蜜第三间卧室是她住的。这时就可以用到上面的积木了。

首先，我们点击 → 选择一个角色 🔍 ，输入ballerina，然后点击选择她。

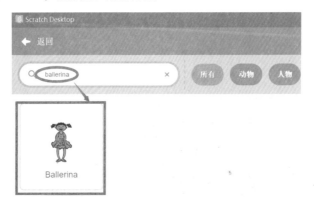

接下来，我们点击 → 选择一个背景 🔍 ，输入bedroom（卧室），点击选择Bedroom 1；然后重复这一步，把Bedroom 2和Bedroom 3也加入到背景库中。

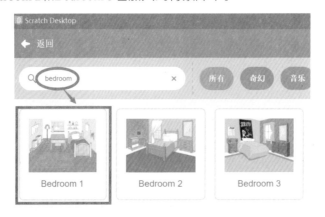

继续 →

最后，我们在黄色"事件"积木群中拖出 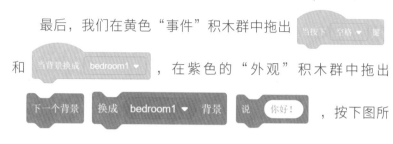 和 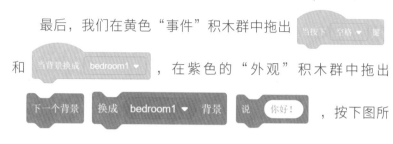，在紫色的"外观"积木群中拖出 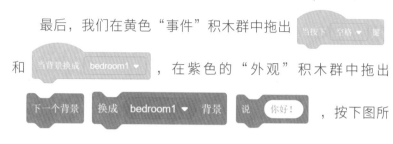 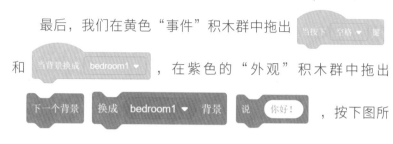 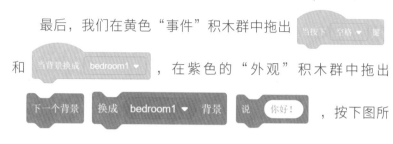，按下图所示拼接积木并调节参数。

此时，我们每点击一次空格键，背景就换成下一个，同时 Ballerina说"这是我家的房间"；当背景切换成"Bedroom 3"时，Ballerina不再说"这是我家的房间"，而是说"我就住这间房，哈哈"。

C位争夺战：角色图层

如上图在《创造101》里，角色比较多，而舞台就那么大，导演想凸显谁的位置，就会让谁站在舞台正中间的"C位"。

类似的，在Scratch舞台区中，如果存在多个角色，也有类似的"C位争夺战"。赢得C位的角色就可以获得更靠上的图层。

汉堡的每一层都是一种食材，对应着Scratch的每一个角色。

汉堡的每一层叠加在一起成了汉堡层，对应着Scratch中各角色叠加形成的图层。

那么请看下图，同样是人和篮球组图，为什么左边篮球盖住了男孩，右边的篮球却被女孩盖住？答案就在于下图左侧的积木。

继续 →

紫色外观积木群中的积木 `移到最 前面 ▼` 的意思是让特定的角色移到所有角色的最前面。以上图为例，这个篮球之所以能覆盖男孩的身体，就是因为我们作为"导演"命令"男孩的篮球"这个角色移到所有图层的最前面。

与上面积木类似的是 `前移 ▼ 1 层`，它能通过前移/后移以及层数精确地指定角色的层级位置，比如我们对汉堡中的番茄下达命令 `后移 ▼ 2 层`，番茄就会移到上面第一层肉的上方一层。

神奇的互动故事：侦测

我们去医院看病就是一个侦测互动故事。回想小时候感冒发烧，爸爸妈妈带我们去看病，医生会向我们询问名字、年龄、哪里不舒服、持续了几天，然后用体温计测量我们的体温，这就是医生侦测我们的信息并和我们互动的过程。这个侦测过程非常重要，如果没有互动，医生就不知道接下来该开出什么样的处方。

同样的，我们在用Scratch创作作品时，经常需要侦测以获取一些信息，并且利用这些信息做出后续的动作。

1. 按键侦测

有时候，程序需要侦测到我们是按下了鼠标键还是按下了键盘上的某个键才能继续下面的动作。侦测我们使用到以下两个积木。

积木	功能	举例
按下鼠标?	如果在舞台区任意位置按下鼠标，就反馈侦测结果是真的	在舞台区任意区域点击鼠标，都会发出0.25拍的击打小军鼓的声音
按下 空格 ▼ 键?	如果键盘上的某个按键（比如空格键）被按下，就反馈侦测结果是真的	当我们按下空格键时，角色就往前走10步

如上表第二个示例所讲的那样，我们想按下空格键后再移动10步，就需要程序使用 按下 空格 ▼ 键? 这个侦测积木，它能侦测到空格键是否被按下。如果侦测到被按下，就执行"移动10步"的命令；如果没被侦测到，就保持原样。

2. 侦测输入的内容

淡蓝色的"侦测"积木群中的积木 询问 What's your name? 并等待 的功能是侦测输入。具体来说，使用它，角色会询问一句话："What's your name?"同时会在舞台区下方出现一个输入框（如下图红框）供玩家输入自己的回答。

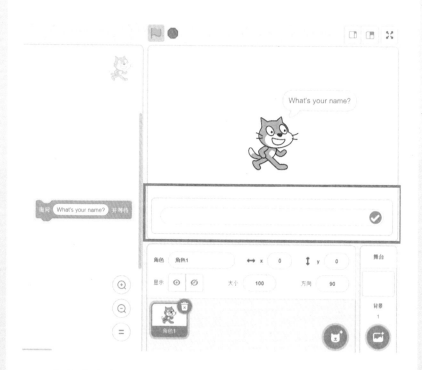

回答者在输入框里输入内容就可以了。比如，你可以输入"zhangxingmu"，然后点击键盘上的Enter键就可以完成输入了。此时，小猫就知道我们的答案了。

继续 →

接下来，我们再次回到侦测积木群，找到 回答 ，并钩选它前面的小方框，钩选后如下图所示。

最后，在舞台区左上角，我们看到了刚才我们输入的内容：zhangxingmu。

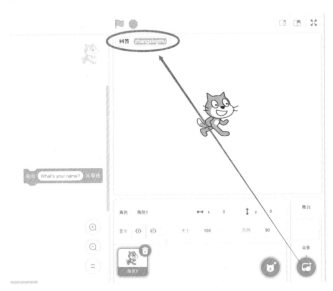

3. 侦测距离

开车的时候，自己的车和前方的车需要保持一定的距离，这样才能保证在自己紧急刹车的时候不会撞上前面的车。这个距离就叫作"安全距离"。有经验的老司机开车时，会注意把

继续 →

车的安全距离调整到和车速一样的数值。比如车速是70km/h，那么与前车的距离至少要保持70m的安全距离。这个安全距离一般是司机用眼睛进行侦测的。

在创作Scratch作品时，我们也要经常侦测角色之间以及角色与某背景区域的距离。常用的侦测距离的积木如下表所示。

积木	功能	备注
碰到 鼠标指针 ▼ ？	侦测某个角色是否触碰到了某个位置（鼠标指针或舞台边缘）	当角色的任一部位碰到了特定事物（鼠标指针或舞台边缘）时，表示侦测结果是真的
碰到颜色 ？	侦测角色是否触碰到了第二个色块（比如黄色）	当某角色的颜色（第一个色块）碰到了第二个色块时，表示侦测结果是真的
颜色 碰到 ？	侦测第一个色块是否触碰到了第二个色块（比如黄色）	当第一个色块到第二个色块的距离为0时，表示侦测结果是真的
到 鼠标指针 ▼ 的距离	侦测角色到鼠标指针的距离	侦测的结果不是真、假，而是具体的数值，需要与运算积木一起用

用  举个例子，我们做一个猫捉老鼠的故事片段。假如黄色的猫碰到灰色的老鼠，我们就让猫说"抓到了"。

首先，我们新建一个作品，删掉默认的小猫，分别选择"Mouse 1"和"Cat 2"这两个角色，然后拖动下图的积木并叠加到一起，接着进行取色。

我们以给老鼠取色为例。按下图所示，先点击第二个色块，再点击笔的图标，这时候把鼠标移到老鼠身上的任何位置，就可以取到老鼠的颜色了。

用同样的方法，给黄色小猫取色。

取完色之后，我们在舞台区用鼠标拖动小黄猫到老鼠身边，当猫碰到老鼠的时候，满足了左侧积

继续 →

木的"如果…那么…"的条件，程序就继续执行，也就是执行 ，所以我们看到下图中的舞台区，小黄猫在说"抓到了"。

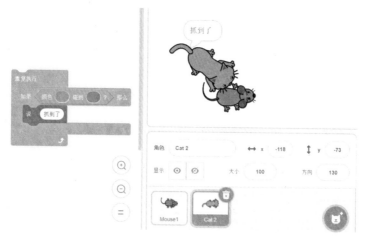

4. 侦测响度

侦测响声只需要在侦测积木群的响度前的小方框里打钩即可开启响度侦测。

钩选之后，在舞台区的左上角就会实时侦测到当前周边声音的响度。试着大喊一声，看看响度值是多少?

一般来说，☑ 响度 和 当 响度 > 10 一起使用。

继续 →

接下来我们再编程一个故事，当小猫讨厌噪声时，就用上面的两个积木做一个"噪声控诉器"：当响度大于10时，就播放"好吵啊"的声音。

首先，我们打钩响度 ☑ 回答 ，按下图所示拖出积木并嵌套好，然后把"你好！"替换成控诉词"好吵啊！"

 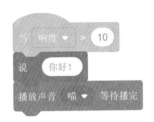

然后，我们开始用Scratch录制"好吵啊"的声音，点击 🔊 代码 ✏ 造型 ◀ 声音 → 🔊 → 🎤 开始录音，说"好吵啊"。

点击保存后，按下图所示，把录制好的音频命名为"好吵啊"。

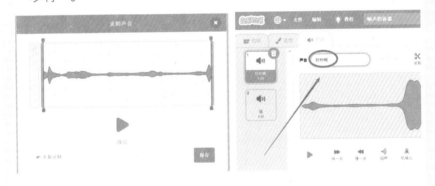

最后，我们再把上图的播放声音从"喵"这个声音换成"好吵啊"这个声音，至此，"噪声控诉器"就完成了。

继续 →

这个程序是怎么运行的呢?

如下图所示,在编写一段时,我身边的噪声是39。满足响度>10的条件,就开始执行后续的积木程序了,显示小猫说"好吵啊",很快又播放我们刚才录制的"好吵啊"的录音文件。

你那里此时噪声是多少?有没有触发噪声控诉器?

"又学会了一些新积木，不错嘛！这样下去，我感觉我们的最强故事王就要诞生了。感觉很快我大侄子就会做出厉害的交互故事了，这交互故事除了传统的剧情外，还加了智能侦测、对话、音乐、背景，肯定能震撼到语文老师。"叔叔看着申小吉的作品，不禁夸了起来。

申小吉听到叔叔夸奖自己，并没有露出很开心的样子，他叹了口气，说："唉，不，那样不好，会打击到其他同学，让他们难过的。我呢，还是要低调低调。"

"给点阳光就灿烂。刚学了Scratch的基础就飞上天去了。现在学的都还只是基础，要用Scratch编程出好的交互故事作品还要下更多功夫的。"

申小吉听着叔叔开始说教，做着鬼脸，说了一句："Yes，sir，you are right."

"呦，看来某人对自己的英文很自信嘛，既然这样，我带你去一个练习外语的好地方！"叔叔二话不说，就把申小吉拉上了飞机。

Scratch※外语！你是最博学的翻译官@广州

> 如果你不得不做出选择，学习编程比学习外语更重要。编程是除母语之外最重要的语言，应该成为全世界所有学生的必修课。
>
> ——蒂姆·库克

蒂姆·库克，1960年出生于美国亚拉巴马州，2011年起接任乔布斯成为苹果公司CEO至今，被乔布斯评价为"蒂姆·库克是我迄今招来的最好的员工"。2015年，承诺捐献其全部财富，《福布斯》2018年"世界最伟大领袖"榜单第14名。在库克的推动下，苹果公司率先推出了"Everyone Can Code"计划，旨在将编程引入小学、中学和大学课程，让所有年龄段的孩子和成人都可以学习编程。2017年，库克造访上海市卢湾一中心小学，说："如果你必须做出选择，学习编程比学习外语更重要。编程是除了母语之外最重要的语言，应该成为全世界所有学生的必修课。"

广州

"哪个地方适合练英语啊？"申小吉迫不及待地想秀一把，他老早就想跟外国人说上几句了。

叔叔一眼就看穿他的心思："怎么啦？等不及啦？那边可不止有说英文的，还有很多其他国家的人，会说不同的语言。"

申小吉更好奇了："难道我们是要出国了？"

叔叔笑了："并不用出国，我们去广州就可以了。广州最近在举办广交会，汇聚了很多世界各地的商人。去那里当个翻译志愿者最合适了！"

"广交会是什么呀？"

"广交会，就是中国进出口商品交易会。每年春秋两季在广州举办，迄今已有六十多年历史了，是中国目前历史最长、层次最高、规模最大、商品种类最全、到会客商最多、成交效果最好的综合性国际贸易盛会。你能想到的国家，都可以来参加这个盛会！"

听叔叔这么一介绍，申小吉却有点没底了："可是，这么多国家的人，我才会几句英文，怎么应付得来？我要赶紧吃一碗广州牛杂面配肠粉来压压惊。"

叔叔拍了拍他的肩膀，像是要给他鼓气："不怕！我们不是有Scratch嘛！Scratch在手，走遍天下都不怕！"

学马云：从小和国际接轨

　　从小就探索世界，能让我们领略国外的风土人情，开阔我们的眼界，还能激发我们探索世界的好奇心。创建了淘宝、支付宝的马云就是一个非常好的学习榜样。马云从上小学的时候就在杭州西湖边跟外国的同龄人用英语聊天、交朋友，这些外国小朋友给马云说世界各国的故事，使得马云从小眼界就比同龄人开阔，也激发了他探索世界的好奇心。

　　Scratch已被翻译成40种以上的语言，被150个国家使用。跟外国小朋友交流，用Scratch就可以了。

百种语言随心换：界面语言切换

　　你现在掌握的语言可能就是中文和英文了。所以，如果你英文好，首先推荐你用英文版的Scratch编程。因为英语是全球最通用的语言。基本上全球各个国家的青少年也都在学英文，因此在Scratch中使用英文几乎能与所有国家的青少年交流。

　　其次，如果你英文暂时不是特别好，则可以使用中文。中文是全世界使用人口最多的语言，其中简体中文在中国、马来西亚、新加坡等广泛使用，繁体中文主要在中国的香港、澳门、台湾地区以及大部分海外华人社区中广泛使用，因此，哪怕你的英文不是特别好，创作的Scratch作品是中文的，其他国家的小朋友看到你的中文编程作品时，也可以把积木自动翻译成他们的本国语言，能读懂你的代码逻辑，也能进行思想上的交流。

　　想切换Scratch界面的语言，可以点击左上角的 🌐▾ ，有包括"English"和"简体中文"在内的几十种语言可以选择。点击下拉菜单，把我们熟悉的"简体中文"换成"English"，就进入英文编程的界面了。当然，如果你经常看日剧或动漫，也许你还能看懂一些日语（如下图）。

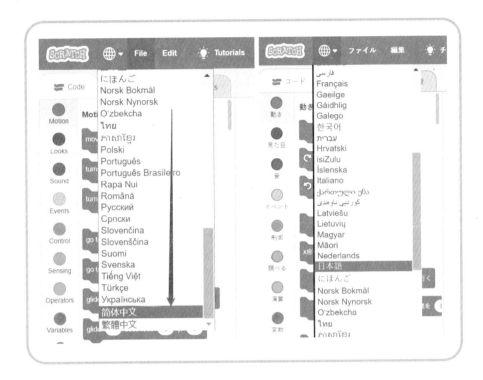

强大到没朋友：翻译积木

但是毕竟很多人只会说中文和英文，不会其他的语言，那么Scratch中有没有方法让我们自由地把中文翻译成其他语言呢？

有的！

如下图，我们点击左下角的 ，就进入扩展积木区了。

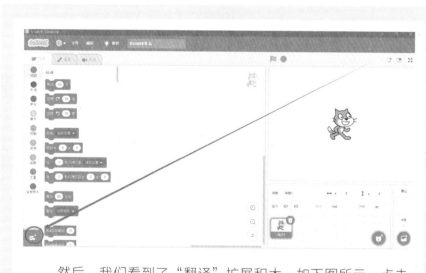

然后，我们看到了"翻译"扩展积木，如下图所示，点击它，我们就进入了翻译区。

继续 →

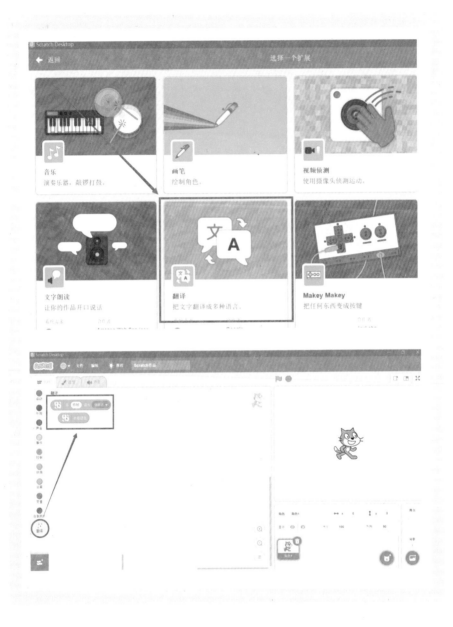

翻译积木	功能	举例
	将一种语言翻译成另一种语言	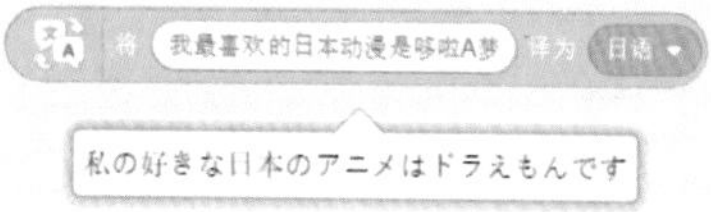
	钩选可以显示访客的语言	

如果一个中国人想通过一个日本人告诉一个英国人，说"我最喜欢的日本动漫是《哆啦A梦》"。

但是这个中国人不懂日语，日本人不懂英文，怎么办？

第一步：把"我最喜欢的动漫是《哆啦A梦》"这句中文翻译成日语，如下图所示。

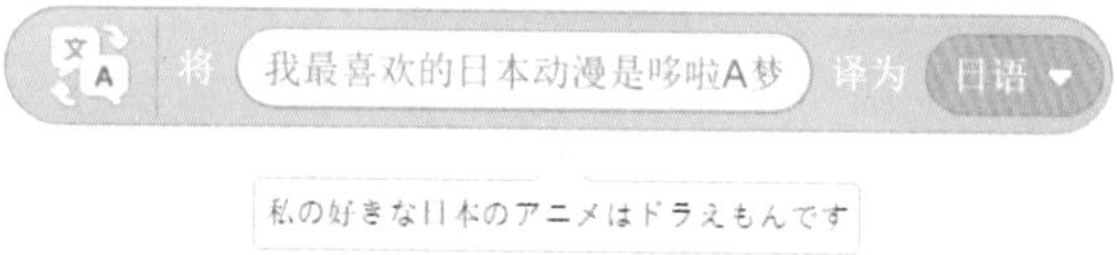

继续 →

第二步：把这个翻译的结果再翻译成英文就可以了。具体来说，我们再拖出一个翻译积木，将上图的整块积木拖到"你好"的正上方，嵌套进去就可以了。

我们点击如上图就能实现翻译的效果啦。

AI万能翻译机：一个酷程序

如果你们全家到国外旅游，去商店买好吃的，但店主不懂中文，你们也不会说当地的语言，怎么办？这时候我们就需要一个万能翻译机，我们往这个翻译机中输入中文，让这个万能翻译机把中文翻译成当地的语言，并且朗读出来给店主听。

用Scratch能轻松制作万能翻译机。比如，你们如果到了法国，翻译机就可以这样做。

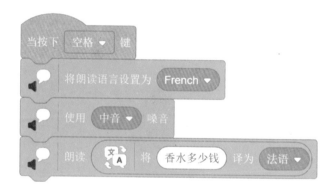

当我们点击空格键的时候，Scratch就会用法语朗读翻译后的结果了。

那比如我们到了日本，这个翻译机还能用吗？当然啦！还是上面的积木，还是用这个翻译机，只需要把语言设置和翻译的语言修改一下就可以了。

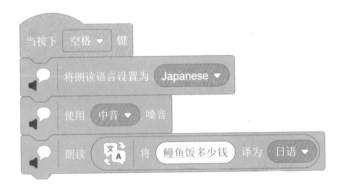

那想一想，妈妈生日的时候，我们想用俄语跟妈妈说"妈妈，我爱您"，该怎么调试万能翻译机的参数呢？

朋友遍全球：玩转Scratch全球社区

1．Scratch让你和全球同龄人交朋友

Scratch是全球最受欢迎的青少年编程语言，据估算，全球约有1亿青少年在使用Scratch学习编程，而截至2019年9月21日，在Scratch全球社区注册的青少年人数有4600万，其中中国的青少年将近300万人。

2. 注册Scratch全球社区

在Scratch上，全球140多个国家的青少年用40多种语言编写了4400多万个Scratch作品，截止到现在，已经成立了246万个Scratch工作室，海量的资源，总有你喜欢的。

4600多万全球青少年都在登录同一个Scratch社区，网址是www.scratch.mit.edu。我们在电脑浏览器上打开就可以浏览了，但为了全球的小朋友充分互动，我们需要注册自己的账号，点击右上角的"加入Scratch社区"，按下图所示一步步完成注册步骤就可以了。

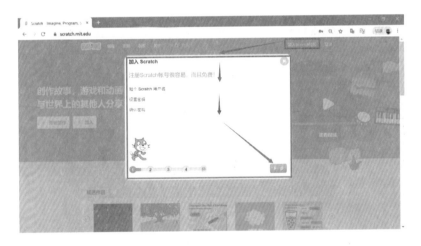

但完成注册只是第一步，我们最终的目的是想和更多的世界各地的小朋友交朋友，怎么办呢？

在Scratch社区多交朋友的方法如下图所示。

动作	举例
自己多发布优秀作品	
浏览别人的作品	

续表

动作	举例
真诚地评论别人的作品	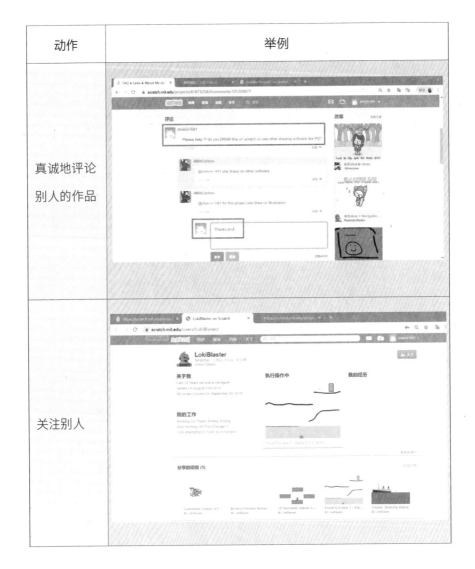
关注别人	

续表

动作	举例
关注别的工作室	
发私信与别人互动	

　　总之，Scratch是一个全球的青少年汇集的网上社区，大家可以一起创作Scratch作品、分享Scratch作品、交流Scratch作品，一起组成工作室，一起讨论，像一个大家庭一样。多浏览，多互动，既能学习Scratch编程知识，又能开阔视野，还能交到全球的朋友，岂不是非常酷？

　　"真是太好了！以后我在家就可以跟各个国家的小朋友一起玩了！到时候我还可以去看望我的朋友们，跟他们面对面交流Scratch……"申小吉不禁陷入了幻想。此刻在他的脑海中，正和一群不同肤色的小朋友聚在一起用Scratch语言来进行交流，他们把各自创作的游戏发给对方玩，有时遇到不懂的单词，还可以用Scratch进行翻译……

　　叔叔看到申小吉这么喜欢Scratch，不禁觉得很欣慰，心想：这次的旅程没有白来呀！总算让他知道Scratch真正的魅力了！眼看旅程快要结束了，还有点不舍得这个小家伙呢……

　　申小吉从他的幻想中抽离出来，兴奋地推了推不知道在想什么的叔叔："叔叔，我们下一站去哪儿呀？"

　　"噢，下一站是我们的最后一站啦，我们来玩点有挑战性的吧！"叔叔向申小吉眨了眨眼。

第九章

Scratch※数学！你是最有逻辑的数学家@南京 ·······

> 选择那些你感兴趣的且能提升你思维的，至于今后会做什么，晚些再担心也不迟。
>
> ——保罗·格雷厄姆

保罗·格雷厄姆，世界著名程序员，风险投资家，《黑客与画家》的创作者。青少年时代就开始学习编程，后取得哈佛大学计算机博士学位。他编程做出世界上第一个互联网应用程序Viaweb以3亿元卖给雅虎公司。他撰写了许多关于软件和创业的文章，文章内容逻辑清晰、见解独到，迅速受到各界人士的追捧。2005年，他创建了风险投资公司Y Combinator，将自己的理论转化为实践，目前已经资助了上千家创业公司。现在，他是公认的互联网创业权威，被誉为"硅谷创业之父""黑客哲学家（Hacker）"。

一听到叔叔说有挑战性的任务，申小吉马上双眼发光："我就喜欢难度大的！所以，我们要去哪儿？"

"这可是压轴大戏了！噔噔噔噔……那是一个有全世界最好吃的桂花鸭、鸭血粉丝汤、煮干丝、东山老鹅的地方。"叔叔给这个城市配了个出场乐，卖了会儿关子，才接着说，"我们要去南京，挑战数学！"

"南京？南京为什么有挑战性？南京跟数学有什么关系呢？"申小吉一连提出了好几个问题。

"南京是江苏的省会，也是中国四大古都之一。这里可出过很多厉害的人物。说一个你不知道的，江苏是中国出状元最多的地方。古代有一句话：'天下财经和状元，半数尽出江南'。"叔叔见申小吉听得津津有味，于是又继续说，"至于跟数学的关系，华罗庚你听说过吧？他可是'中国现代数学之父'。而更巧的是，他也是江苏人，说不定就带有古代南京状元的基因呢！"

申小吉听了之后，连连感叹："说不定我也有些古代状元的基因，所以才这么聪明！"

叔叔被逗得哈哈大笑起来："既然这样，那你就动用你的状元基因，用Scratch来玩转数学吧！"

编程和数学的关系像亲兄弟一样。不信，让我们试试吧？

Scratch运算积木

1．真基础：加减乘除

大家都学习过加减乘除运算，可是你试过用Scratch编程的方法来解决加减乘除运算问题吗？下面这个表格，会让大家一目了然。

数学四则运算	Scratch对应的编程积木
加	◯ + ◯
减	◯ - ◯
乘	◯ * ◯
除	◯ / ◯

很多人爱说"不管三七二十一"这句口头禅，那我们就用Scratch编程一下，看看3乘以7是不是等于21。拖出下图积木，分别输入数字3和数字7，再点击积木部分，就显示出了结果21，可见，爱说"不管三七二十一"的人的数学还是可以的。

其他的运算方法与此相同。

需要注意的是，这四个积木是可以互相嵌套的，比如，我们想计算"3×7－1"怎么办？这个算式涉及乘法和减法两部分，我们分别拖出对应积木，填上数字，然后把左边的积木拖到右边的空白区，如下图所示。

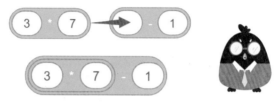

下表中提供了更多运算积木嵌套的情况，请你在Scratch中一一尝试。

数学四则运算式	Scratch对应的编程积木
3×(7 + 1)	 (3) · (7 + 1)
(3+7)÷2	 (3 + 7) / 2
(3+7)÷(1+1)	 (3 + 7) / (1 + 1)
(3+7)－20÷5÷2	 (3 + 7) - (20 / 5 / 2)

最后，请大家用Scratch的编程运算积木计算下算式（27+23）×[（3×5）－10]。

2．真常见：大小比较

在实际问题中，经常要处理大小比较问题。比如拳皇游戏中（如下图所示），我们要比较选手的血量条来判定选手的胜负。比如，我们给计算机提前下达"比较选手血量大小"的指令，等游戏结束后，选手路曼曼的血量大于选手马小跳的血量，那么计算机就会判定选手路曼曼获胜。

下面我们用一张表清晰地展示一下我们数学课上学的比较符号与Scratch的编程积木的对应关系。

数学中的比较大小的运算	Scratch中比较大小的编程积木
大于(>)	⬭ > ⬭
小于(<)	⬭ < ⬭
等于(=)	⬭ = ⬭
不等于(≠)	⬭ = ⬭ 不成立
大于等于(≥)	例如6≥6，表示为 6 > 6 或 6 = 6
小于等于(≤)	例如8≤8，表示为 8 < 8 或 8 = 8

真有趣：随机数

我们在设计游戏的时候，为了让游戏更好玩，也要经常使用随机性。比如下面这个《别碰樱桃！》的游戏中，樱桃炸弹从天而降，随机数积木控制着樱桃出现的频率，让它有时快、有时慢，玩家捉摸不定，因而注意力集中，游戏也更好玩。否则，如果没有随机数，樱桃炸弹固定出现，玩家都会摸清它出现的规律，导致游戏没有吸引力。

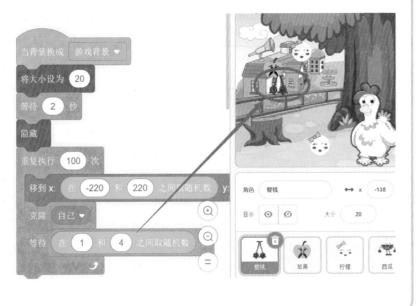

Scratch中只有一个随机数的积木，如下图所示。

这随机数积木和数字一样是纯数字，只不过它是一个不确定的数字而已。比如上图的就是1到10之间的任意随机数，也不含单位。这也就是说单位可以是次数、秒数等任何单位，比如下图两个随机数积木，后面跟着的就是不同的单位。

真好吃：余数

你邀请你的两位好朋友来家里吃鸡腿，妈妈买了10只炸鸡腿，她说平均分给你们3个吃，余下的鸡腿她自己吃，那妈妈最终会吃到几只鸡腿？

这个问题就是数学老师教的"有余数的除法"。我们知道余数是被除数除以除数得到商以后除不尽的数，而且余数必须比除数小。比如10除以7，得到的商是1，余数是3。

那么我们如何用Scratch的积木编程来解决刚才妈妈最终吃到几只鸡腿的问题呢？Scratch中有一个非常简单的求余数的积木，如下图所示。

我们用Scratch给刚才的问题来编程：10只鸡腿，平均分给你们3个，妈妈吃余下的。妈妈吃到的鸡腿数量实际上就是10除以3后的余数。我们在积木中填上相应的数字，可以轻松得出结果，如下图所示。

10 除以 3 的余数

1

根据结果可知，妈妈最终吃到的鸡腿数量是1只。

真便捷：四舍五入

　　某一天，学校有外宾访问，校长让你当讲解员，你讲到"……2018年年末，中国总人口13亿9538万人（不包括香港、澳门特别行政区和台湾地区以及海外华侨）……"，这时候数学老师突然闪过，问你："13亿9538万人换算成亿，是多少亿？"你机智地回答道："13.9538亿人。"数学老师点了点头，接着问你："如果四舍五入的话，2018年中国总人口是多少？"你怎么回答？

　　这时，你就可以打开Scratch，用"四舍五入积木"来解决。把13.9538输入进去就可以得到四舍五入后的结果，即14亿人，所以我

们在新闻上也经常看到"14亿中国人勤劳勇敢……"，其实14亿就是中国人口四舍五入计算出来的。

想一想：圆周率π=3.1415926…如果用Scratch的"四舍五入积木"怎么计算呢？

真简约：平面直角坐标系

文艺演出的时候，导演希望严格控制演员在舞台上表演的位置，因为有经验的导演都知道，位置控制越精准，作品效果越好。

同样的，我们用Scratch编程作品时，也希望精准操控角色移动。要实现精准控制，就要有一张类似地图的参考坐标系。

Scratch的舞台区的尺寸是480×360，下图中的背景坐标系与它对应，左右各240个单位，上下各180个单位。所有Scratch的编程作品都是在这个舞台进行表演的，这就意味着我们可以利用这个坐标轴对我们的角色精准操控。

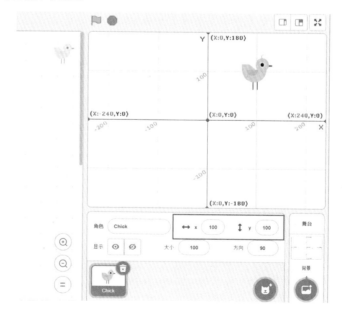

那么，如何随时随地地知道我们角色所在的位置呢？如上图所示，我们查看两步即可。先点击目标角色，然后查看图中的红框内的数字就得到了图中小黄鸡这个角色此刻的坐标位置是（100，100）。

试一试，任意拖动角色，看看角色的坐标数值是怎么变化的。

那我们如何精准操控角色的移动呢？常用的积木见下表。

可精准控制角色坐标位置的积木	积木效果	示意图
移到 x: 78 y: 23	角色会移动到指定好的坐标位置	左图积木的目标位置是(78，23），如下图所示 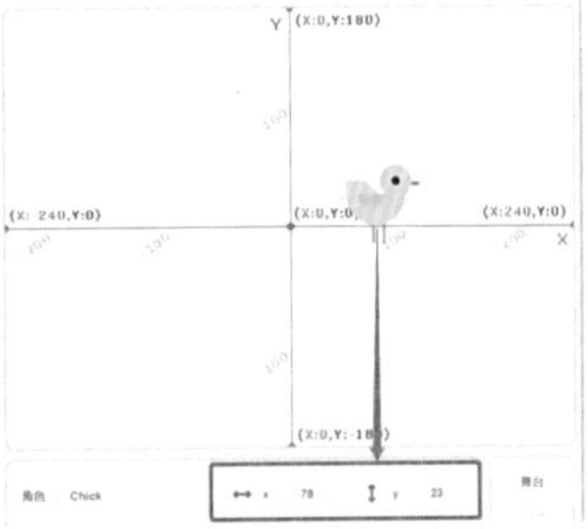
在 2 秒内滑行到 x: 138 y: -86	角色会在指定时间内匀速移动到指定好的坐标位置	左图积木使用后，小黄鸡在2秒内滑行到了如下位置(138，-86) 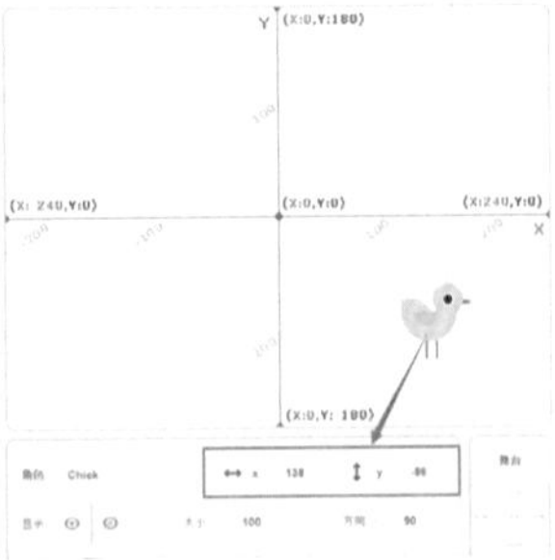

续表

可精准控制角色坐标位置的积木	积木效果	示意图
将x坐标设为 -95　　将y坐标设为 107	角色会移动到指定好的x和y坐标位置	左图两块积木同时使用，效果如下图所示
移到 x: 0 y: 0　重复执行 10 次　将x坐标增加 10	角色的x坐标会增加10，即向右走10步	左图示例积木是重复10次向右走10步，即向右走100步。如果初始位置是（0，0），那么此刻位置为（100，0）

续表

可精准控制角色坐标位置的积木	积木效果	示意图
移到 x: 0 y: 0 重复执行 10 次 将y坐标增加 -10	角色的y坐标会增加−10，即向下走10步	

真丰富：函数

数学家李善兰在翻译《代数学》时，把英语"function"译成了"函数"。如此翻译的原因是"凡此变数中函彼变数者，则此为彼之函数"，也就是说函数指一个量随着另一个量的变化而变化，或者说一个量中包含另一个量。

函数是数学的重要组成部分，我们经常使用的有绝对值函数、取整函数、平方函数、对数函数、幂函数、三角函数等。在Scratch中，这些函数全部集中于一个运算积木，如下图所示。在实际使用中，只需根据实际情况取用即可。

真逻辑：布尔运算

1．两个逻辑值的真和假

首先，请你判断下表两句话的真假。

命题	真/假	布尔值
命题1：程咬金是女的	假	假（False）
命题2：马小跳是男的	真	真（True）

"命题1：程咬金是女的"显然是假的，程咬金显然是霸气的猛男。

"命题2：马小跳是男的"显然是真的，淘气包马小跳人尽皆知是个生气时爱跳起来的有个性的男孩。

看似很简单的"真（True）"和"假(False)"，其实是布尔代数（Boolean Algebra）中的布尔类型下面仅有的两个布尔值。具体来说，"真（True）"表示某个命题是成立的，比如"马小跳是男的"这个命题是成立的，因此这个命题的值就是"真（True）"；相反，"假（False）"表示某个命题是不成立的，比如"程咬金是女的"这个命题是不成立的，因此这个命题的值就是"假（False）"。

有了数值肯定有运算符，布尔运算的运算符只有三个："与""或""非"。有了数值，有了运算符，我们就可以运算了。

如果我们有A和B两个命题，那么所有可能的运算结果就如下表所示。

A	B	非A	非B	A与B	A或B
真	真	假	假	真	真
真	假	假	真	假	真
假	真	真	假	假	真
假	假	真	真	假	假

我们再看看刚才程咬金和马小跳的案例。

"命题A：程咬金是女的"这个命题是"假"，"命题B马小跳是男的"这个命题是"真"。

我们把这两个命题对应着上面表格中第四行的情形，结合起来得到下表。

A	B	非A	非B	A与B	A或B
"程咬金是女的"	"马小跳是男的"	"程咬金不是女的"	"马小跳不是男的"	"程咬金是女的"且"马小跳是男的"	"程咬金是女的"或者"马小跳是男的"
假	真	真	假	假	真

我们在学校学的整数四则运算，比如（1+2-3）÷（1×4），实际上是利用整数数值（比如1，2，3这三个整数）和运算符（比如+，-，×，÷）进行运算的过程而已，我们把这个过程叫作整数运算。

布尔运算与整数运算一模一样。比如"真与假"或"非假"也不过是利用布尔数值（真，假）和运算符（与，或，非）进行运算的过程而已，我们把这个过程叫作布尔运算。

整数运算与布尔运算对比

数值类型	数值举例	运算符举例	运算式	运算结果
整数数值	1，2，3，4…	＋，－，×，÷	（1＋2－3）÷（1×4）	0
布尔数值	真，假（仅此两个）	与，或，非（仅此三种）	（真）与（假）	假

布尔代数是英国著名数学家乔治·布尔（George Boole）在他的代表作《思维规律的研究》中提出来的。

布尔其实是个靠勤奋努力不断进步的励志传奇人物。布尔从小家境贫寒，没接受过正规教育。布尔自学了拉丁语、希腊语、法语和德语，不满16岁就到外地当小学教师，并开始研究数学。布尔19岁那年回到家乡创办自己的学校，后担任校长15年。他在备课的时候，不满意当时的数学课本，便决定研究伟大数学家的论文。杰出的研究成果让他最后成为伦敦皇家学会会员，并成为19世纪最重要的数学家之一。布尔代数是被广泛应用在计算机科学中的，是计算机科学的数学基石之一。

可见，出身不重要，只要你努力，也可以给我们的世界创造出伟大的价值。

毫不意外地，申小吉在南京把数学作品也掌握了。这也意味着这次的"全国编程之旅"就要结束了。

申小吉和叔叔都有些不舍得，首先不舍得的是各个城市的美食，其次更不舍得的是这么好玩的Scratch。

在回家的路上，申小吉跟叔叔说："叔叔，我喜欢上了编程，回家后我还要继续学编程！"

叔叔感动得想抱一抱这个小男孩，又听到申小吉说："这样，等我长大后，我也想当一个编程高手，然后赞助个'全球编程之旅'，这样就能跟全国各地玩Scratch的人见面了！"

叔叔听到这，笑着说："看来我们申家在编程界后继有人了！"

叔侄俩说着笑着走向了吉利镇，准备跟大家分享这次编程之旅的所见所闻。但他们全然不知，一场灾难正在悄悄降临……